爆炸应力波与爆生气体对裂纹的作用机理

邱 鹏 著

北 京
冶 金 工 业 出 版 社
2025

内 容 提 要

本书共5章，以“透明显示、高速摄影、定量表征”的思路，采用爆破光测力学方法将爆炸致裂过程可视化，定量分析了爆炸应力波及其反射波、爆生气体对爆炸裂纹的作用机理。

本书可供爆破领域的科研工作者、现场技术人员参考，也可供采矿工程专业及相关专业的师生阅读。

图书在版编目(CIP)数据

爆炸应力波与爆生气体对裂纹的作用机理/邱鹏著. -- 北京：冶金工业出版社，2025. 3

ISBN 978-7-5024-9854-2

Ⅰ. ①爆… Ⅱ. ①邱… Ⅲ. ①凿岩爆破—裂纹扩展—研究 Ⅳ. ①TD235

中国国家版本馆CIP数据核字(2024)第086323号

爆炸应力波与爆生气体对裂纹的作用机理

出版发行 冶金工业出版社　　**电　话** (010)64027926

地　址 北京市东城区嵩祝院北巷39号　　**邮　编** 100009

网　址 www. mip1953. com　　**电子信箱** service@ mip1953. com

责任编辑 王梦梦　美术编辑 吕欣童　版式设计 郑小利

责任校对 梅雨晴　责任印制 禹　蕊

三河市双峰印刷装订有限公司印刷

2025年3月第1版，2025年3月第1次印刷

710mm×1000mm 1/16；7. 75印张；155千字；113页

定价 69. 00 元

投稿电话 (010)64027932 投稿信箱 tougao@cnmip. com. cn

营销中心电话 (010)64044283

冶金工业出版社天猫旗舰店 yjgycbs. tmall. com

(本书如有印装质量问题，本社营销中心负责退换)

前　言

长期以来，爆破广泛应用于人类改造自然的活动中，如岩体隧道开挖、矿山建设与开发、非常规油气资源储层改造等，逐渐发展成为一种经济、有效的致裂改造手段。爆炸致裂过程中，爆生裂纹主要受爆炸应力波和爆生气体的共同作用，产生复杂的裂尖应力分布和裂纹扩展行为，最终影响着爆炸致裂效果。然而，由于岩石的不透明性、爆破的瞬态性、现场测试手段的局限性，目前爆破设计常依赖于经验，理论研究滞后于生产实践。

本书主要内容是对笔者博士后期间工作的总结。全书以“透明显示、高速摄影、定量表征”的思路，采用爆破光测力学方法，将爆炸致裂过程可视化，定量分析了爆炸应力波及其反射波、爆生气体对爆炸裂纹的作用机理。本书各章内容分别为国内外研究现状、垂直入射爆炸应力波对裂纹的作用机理、斜入射爆炸应力波对裂纹的作用机理、爆生气体和反射波对Ⅰ型裂纹的作用机理，以及爆炸反射波对Ⅰ-Ⅱ复合型裂纹的作用机理。本书可供爆破领域的科研工作者、现场技术人员参考，也可供矿业工程专业及相关专业的师生阅读。

本书的出版得益于中国矿业大学（北京）杨仁树教授、岳中文教授、鞠杨教授的指导，在此一一感谢。同时，感谢李清教授、郭东明教授、杨立云教授、马鑫民教授、宋俊生副教授、杨国梁副教授、王雁冰副教授、许鹏副教授、刘伟副教授等在爆破焦散线实验中的指导和帮助，感谢清华大学姚学锋教授在焦散线方法原理方面的指导和帮助，感谢太原理工大学原位改性采矿教育部重点实验室梁卫国教授的指导和帮助。

本书撰写过程中，参考了爆破领域的相关论文及著作，在此对文献资料的作者表示感谢。

本书内容相关的研究工作得到了国家自然科学基金项目（52204106），中国博士后科学基金特别资助、面上项目（2021T140710、2020M670524），山西省基础研究面上项目（202203021211133），山西省回国留学人员科研项目（2022-056），山西省百亿工程项目（BY2400007337），中国矿业大学（北京）深部岩土力学与地下工程国家重点实验室开放基金（SKLGDUEK2225），北京理工大学爆炸科学与技术国家重点实验室开放基金（KFJJ21-17M）等的资助，在此表示衷心的感谢。

由于作者水平所限，书中不妥之处，欢迎各位专家、学者批评指正。

邱　鹏
2024 年 8 月
于太原

目 录

1 绪 论

爆破在煤炭开采中发挥着重要作用，如钻爆法掘进[1-2]、坚硬顶板破断[3]、巷道切顶卸压[4-5]、冲击地压防治[6]等。这些工程主要利用了爆炸产生的裂纹，造成岩石破裂，进而实现工程目的。爆炸裂纹扩展时，受到两类爆生产物的共同作用：爆炸应力波和爆生气体。研究爆炸应力波和爆生气体对裂纹的作用机理，有助于深刻认识爆破致裂机理，为精细化爆破参数设计提供理论参考。

由于岩石的不透明性、爆破的瞬态性、现场测试的局限性，使得岩石内部爆炸应力波、爆生气体、爆炸裂纹均不易观察。因此，本书采用了爆炸光测力学方法，结合高速摄影，将爆炸应力波、爆生气体、爆炸裂纹可视化，先介绍了垂直入射、斜入射爆炸应力波对裂纹的作用，后对比了爆炸应力波和爆生气体对裂纹的不同作用，有助于深刻认识爆破致裂机理。

1.1 概 述

爆炸瞬间产生爆炸应力波和大量气体，均作用于爆炸裂纹。爆破致裂机理主要有三种观点[7]：(1) 爆炸应力波的“动态作用”是爆破致裂的主导作用；(2) 爆生气体的“准静态作用”是爆破致裂的主导作用；(3) 爆炸应力波和爆生气体“动静组合作用”下实现爆破致裂，即爆炸应力波的“动态作用”先产生微小裂纹，而后爆生气体的“准静态作用”下微小裂纹扩展、贯通。目前，第三种观点得到了更多的认可，更符合实际情况。然而，爆炸应力波和爆生气体对裂纹的作用机理，目前仍以定性研究为主，定量研究较少。

由于爆炸应力波、爆生气体和爆炸裂纹发生在岩石内部，看不见摸不着，不利于爆破致裂机理研究。可视化方法是研究岩体内部应力场分布的有效手段[8-9]，近年来取得了诸多成果，如非均质岩体结构应力场演化规律分析[10-11]、裂纹动态扩展过程中应力场分析[12]等。基于可视化思路，若采用透明化的实验方法，将爆炸应力波、爆生气体和爆炸裂纹可视化，将极大地方便爆炸应力波与裂纹作用机理、爆生气体与裂纹作用机理的定量、直观研究。

研究爆炸应力波和爆生气体对爆炸裂纹的作用机理，为爆破工程提供实验和理论依据，进而改善爆破设计。实际爆破工程中，由于现场测试手段的局限性，很难捕捉到爆炸应力波和爆生气体对爆炸裂纹的作用过程。因此，本书采用爆破光测力学方法，提供了爆炸应力波和爆生气体对爆炸裂纹作用的实时图像，定量地解释了两者作用过程中的实验现象及背后的力学机理，加深了对爆破致裂机理的认识。同时，爆破实验也丰富了断裂力学理论中高应变率荷载下裂纹动态力学特征的研究。

1.2 国内外研究现状

1.2.1 爆破光测力学方法

爆破实验主要运用两种光测力学方法：光弹法和焦散线法。按时间顺序，20 世纪 60 年代，光弹法较早地应用于爆炸应力波传播和裂纹扩展问题研究；20 世纪 90 年代，焦散线法较晚地应用于爆炸裂纹扩展问题研究。

光弹法在爆破实验中的应用，主要由 Dally[13-15]、Fourney[16-17]、Rossmanith[18-19]和 Shukla[18]等人做出了开创性工作。光弹法结合高速摄影技术，采用透明的暂时双折射材料，如 CR-39[20]、Homalite-100[21]和环氧树脂[22]等开展实验。当受到爆炸荷载后，暂时双折射材料产生的两束光线发生干涉，产生明暗相间的条纹，可直观地观察爆炸应力波的传播和裂尖应力场的分布[14-15]。Riley 等人[20]采用环氧树脂和铝板黏合，研究了爆炸应力波及反射波在层状结构中的传播规律。除了显示应力波，光弹法在裂尖显示“蝴蝶状”条纹，Dally[14]和 Sanford[23]根据裂尖条纹分布，提出了裂尖应力强度因子测量方法。然而在爆炸荷载下，入射和反射波如 P 波、S 波和 Rayleigh 波的共同作用，叠加后的条纹过于繁杂密集，不易判定条纹级数和分离主应力。

相比光弹法，焦散线法应用于爆破实验较晚，但因其实验系统和数据分析的简便性，截至目前有大量的实验类文献。焦散线法对研究裂纹尖端应力集中问题具有优势，该方法最早由 Manogg[24]和他的导师 Schardin[25]在动态断裂实验中，借助多火花式高速相机（Cranz-Schardin）发现。如何更精确地解释裂尖焦散斑现象是一个漫长的过程。最开始，Manogg[24]推导出了静态条件下焦散斑的理论公式。之后，经过 Theocaris[26]、Kalthoff[27-28]、Rosakis[29-30]等人的工作，逐渐将焦散线法推广到了动态断裂领域。国内焦散线法的应用可参考姚学锋和许蔚发表的综述[31]。由于焦散线法简单易操作，广泛应用于各类材料断裂韧度及动态应力强度因子（stress intensity factors，SIFs）的测试，如正交材料[32-34]、纳观材料[35-36]、梯度材料[37-38]、界面材料[39]、复合材料[40-43]和岩石材料[44]等，也可用于研究裂纹间的相互作用[45-47]、高速（粒子冲击速度为6~7 km/s）冲击实验等[48-49]。对于应力波加载下裂纹扩展的研究，Theocaris 等人[50-51]采用杆冲击的方法，产生应力波作用于试件中的预制裂纹或缺口，通过焦散斑图片研究静态裂纹在应力波作用下的裂尖SIFs变化规律。Eliasson 等人[52-55]采用相似的试件，不同之处在于将试件置于水中，研究了水中PMMA材料中静态裂纹受应力波作用的动态响应。

为研究定向断裂爆破中裂纹扩展规律，杨仁树等人[56]将焦散线法引入到爆炸实验中，结合多火花式高速相机，研究了爆生裂纹与节理[57-58]、缺陷[59]等不连续面的相互作用。之后，由于焦散线法实验结果简单，仅根据裂尖焦散斑直径便可确定裂尖应力强度因子，因此诸多学者采用该方法得到了大量的爆破实验结果[22,60-63]。如何精确地分析爆破实验中的焦散斑是最核心的问题。经典的焦散线法测量准则，是否能直接用于爆破实验，是否需要改进？这一点需要深入思考。

爆生气体对裂纹是准静态作用，而爆炸应力波对裂纹是动态高应变率作用，加载率达10^6 s^{-1}[64]。在高应变率作用下，裂尖出现了畸变焦散斑[60]，已不能由经典焦散线理论解释。因此，亟须建立适用于爆破的焦散线法测量准则，更精确地分析高应变率作用下的畸变焦散斑，进而得出有意义的实验数据。在此基础上，才能科学地分析爆炸裂纹的扩展规律。

1.2.2 爆炸应力波和爆生气体对裂纹的作用机理

1.2.2.1 爆炸应力波对裂纹的作用机理

理论分析方面，Freund[65]、Achenbach[66]和Ma[67]等人基于应力叠加原理，推导了应力波作用下裂尖Ⅰ型和Ⅱ型应力强度因子的理论解。三者对斜入射应力波作用后裂纹路径的假设不同。Freund[65]假设裂纹仍维持直线扩展，而Achenbach等人[66]和Ma[67]假设裂纹发生偏转，更符合实际情况。Li 等人[68-69]求解了应力波与裂缝（节理）作用后的透射和反射系数。实验方面，Rossmanith 和Shukla[18]采用光弹法研究了三种“波-纹”作用角度：(1) 正入射：应力波波阵面垂直于裂纹面（normal incidence）；(2) 斜入射：应力波波阵面倾斜于裂纹面（oblique incidence）；(3) 相切入射：应力波波阵面相切于裂纹面（tangential incidence）。20世纪80年代开始，国内学者如杨永琦[70]、朱振海[71]、杨仁树[56]、李清[58]、岳中文[60,72]等人对爆炸应力波与裂纹的作用进行了大量的爆破实验研究，积累了丰富的实验数据。

以上是爆炸应力波对裂纹作用的代表性研究成果，总结得出：理论推导裂尖的应力强度因子具有局限性，求解过程复杂且适用于简单的爆炸应力波与裂纹作用情况。实验分析中仍以现象描述为主，对于现象背后的力学机理分析较少。而且，爆破实验具有不确定性，每次实验都具有“个性”，仅局限于“个性”的分析缺乏普适性，对大量实验中的“共性”缺乏挖掘和深入分析。

1.2.2.2 爆生气体对裂纹作用机理

Kutter 和 Fairhurst[73]发现相比应力波，爆生气体产生更长的爆炸裂纹。同样地，Dally 和 Fourney 等人[13]也发现堵塞炮孔产生更长的裂纹，归功于堵塞炮孔减少了爆生气体的逸出。Daehnke 和 Rossmanith 等人[74]通过三维有机玻璃块爆破实验，验证了爆生气体的作用。Zhang 等人[75]对比了堵塞和不堵塞炮孔爆炸后岩石的爆破块度，证实了爆生气体的重要作用。

以上爆破实验均是根据爆破后结果反推爆生气体的作用。如何在实验中将爆生气体可视化，实时观察爆生气体对裂纹的作用是难点和挑战。纹影法利用空气折射率的变化（高温或高压造成），可将爆生气体可视化[76-77]，但不能将裂尖应力场可视化。光弹法能将应力波、裂尖应力场可视化，但爆生气体没有双折射特性，因此光弹法不能将爆生气体可视化。焦散线法能将爆炸应力波、爆生气体、裂尖应力场同时可视化，提供了一种有效的实验手段，但爆炸裂纹尖端焦散斑形状常发生变化，需建立适用于爆炸实验的焦散线法测量准则。

1.2.3 裂纹尖端应力场分布特征

爆炸裂纹扩展问题，本质上是研究高应变率下裂尖应力场分布。断裂力学的早期研究中，Griffith[78]运用能量守恒原理作出了开创性贡献。之后，Irwin[79]提出了裂尖应力场分布可由应力强度因子来表示，即裂尖应力场为 K 场分布。随着加载率的增加，Ma 和 Freund[80]推导出裂尖应力场解析解发现，高应变率下裂尖应力场不再满足 K 场分布。同时，这一发现也被 Ravi-Chandar 和 Knauss[81]及 Rosakis 和 Krishnaswamy[82]从实验中得以验证。

Westergaard[83]、Irwin[79]、Sneddon[84]和 Williams[85]做出了开创性工作，提出了裂尖应力渐近线分布场：

$$\sigma_{ij} = \left(\frac{k}{\sqrt{r}}\right) f_{ij}(\theta) + \sum_{m=0}^{\infty} A_m r^{\frac{m}{2}} g_{ij}(\theta) \tag{1.1}$$

式中，σ_{ij} 为裂尖应力张量；f_{ij} 为无量纲量；$g_{ij}(\theta)$ 为角度 θ 的函数。

由式（1.1）可知，第一项与距裂尖距离 r 的 1/2 次方成反比，称为奇异项。

随着距离 r 逐渐趋于零，第一项成为主导项，后续的高阶项均趋于零。为便于定量分析，一般只考虑第一项，并将 $k\sqrt{2\pi}$ 称为应力强度因子。因此，裂尖应力场可由单一变量表示，即应力强度因子。

然而，高应变率下裂尖应力场，不能仅考虑应力强度因子，还需考虑后续的高阶项。当裂纹受到爆炸应力波作用或扩展速度很快时，裂尖的惯性效应不能忽略[86]，此时须考虑高阶项。Freund[87]、Liu[88]和 Rosakis[89]等人考虑加速度和应力强度因子变化率的影响，推导了瞬态荷载下裂尖应力场的高阶表达式。Liu 等人[90]运用该表达式，更全面地分析了瞬态荷载下裂尖焦散斑，与仅考虑速度影响的焦散线公式[29,91]相比，更精确地解释了实验现象。

上述的瞬态高应变率下裂尖应力场高阶表达式[87-89]，仅是基于简单的应力波作用情况，并不能解释所有高应变率作用情况。对于复杂的爆炸应力波作用情况，通过实验来分析裂尖应力场成为一个非常必要且行之有效的途径。通过光测力学方法，裂尖应力场问题将会转化为光学图像问题。需解决的关键问题是：如何精确地解释高应变率下裂尖产生的光学图像？常常会遇到这样的瓶颈：实验现象非常漂亮，但缺乏合适的数学模型，精确地解释实验现象，进而更好地理解现象背后的力学机理。本书后续章节将围绕这一瓶颈问题，开展具体的理论和实验分析。

2 垂直入射爆炸应力波对裂纹的作用机理

2.1 概　　述

爆破工程中，由于爆炸裂纹扩展路径的随机性，爆炸应力波对裂纹的作用角度也具有随机性。H. P. Rossmanith 和 A. Shukla[18] 采用光弹法研究了 3 种 "波-纹" 作用角度：正入射（应力波波阵面垂直于裂纹面），斜入射（应力波波阵面倾斜于裂纹面），相切入射（应力波波阵面相切于裂纹面）。笔者在《爆炸应力波与裂纹相互作用机理研究》[92] 中采用焦散线法，已初步研究了正入射和斜入射爆炸应力波对裂纹的作用机理。作为补充，本章介绍垂直入射爆炸应力波作用下裂纹尖端应力场分布特征、裂纹扩展路径和速度的变化规律，以及三者之间的内在联系。

本章开展了爆炸焦散线实验，采用了两种爆炸药量（20 mg、60 mg 叠氮化铅）和两种高速相机拍摄速度（100000 帧/秒、210000 帧/秒），展示了爆炸后试件破裂特征，测量了不同焦散斑形状时裂尖应力强度因子、裂尖位置和扩展速度，定量分析了爆炸 P 波、S 波和反射波对裂纹受力、扩展的影响规律。本章采用经典和改进的焦散斑理论，重现了 P 波、S 波和反射波作用下不同形状的焦散斑；爆炸焦散线实验中复合型裂纹须多参量综合分析，包括裂尖位置、路径、速度、焦散斑形状、复合型应力强度因子，确保分析结果的准确性，否则极易造成误差偏大甚至结果错误。

2.2 经典和改进的焦散线理论

2.2.1 经典焦散线理论

焦散线方法是 1964 年在 P. Manogg[24]（由导师 H. Schardin 指导）的博士论文实验中发现的。后来在动态焦散线实验中，使用的正是 H. Schardin 参与发明的 Cranz-Schardin 高速相机（Cranz 是 H. Schardin 的导师），中文译名为多火花高速相机。之后，1968 年 H. Schardin 过世，该方法的研究停滞，并未在学术界引起重视。直到 1971 年，P. S. Theocaris[93]重新将这一方法应用于裂纹尖端应力强度因子测试，提出了反射式焦散线方法，并命名了该方法为 “the Method of Caustics”。然而，早期 P. S. Theocaris 的研究仍然为静态焦散线实验，研究成果总结在文献［26］中。20 世纪 70 年代后期，P. S. Theocaris[50,91]、J. F. Kalthoff[27]、A. J. Rosakis[29]等人开展了大量的动态焦散线实验，考虑了裂纹扩展速度对焦散斑几何形状的影响，引入了速度修正因子，建立了动态焦散线理论。在此基础上，G. A. Papadopoulos[94]、K. Ravi-Chandar[95-97]、K. Takahashi 和 K. Arakawa[98]、姚学锋[31]、励争[99]等人研究了中低加载率作用下裂纹扩展相关的问题；杨仁树[56]、李清[58]、岳中文[59]等人将焦散线方法应用于高加载率作用情况，如爆炸致裂。

图 2.1 展示了裂尖焦散斑产生原理。将一块含有裂纹的透明平板置于平行光场中，试件平面与光线相互垂直。试件上下两端受拉伸作用，在裂纹尖端产生应力集中，因而裂尖区域材料厚度变薄，密度减小，产生高应力梯度。通过该区域的光线向四周散射。随着与裂尖距离增大，这种散射效应逐渐减弱，因而在成像平面上，从裂尖区域散射的光线叠加在一起，形成一条近似圆形的亮线，称为“焦散线”。在这条明亮曲线中间包围着一个暗区域，称为“焦散斑”。该暗区域的形成是因为裂尖区域的光线都散射到了明亮的“焦散线”上，因此没有光线的区域变成了黑暗的“焦散斑”。

焦散线方法公式具体推导过程可参考 P. S. Theocaris[91]、G. A. Papadopoulos[94]、A. J. Rosakis[29]等人的文章，以及笔者的博士论文《爆炸应力波与裂纹相互作用机理研究》[92]。式（2.1）~式（2.3）为最终推导出的成像平面上光线映射方程，试件平面上的点 $P(x,\ y)$ 对应成像平面上的点 $P'(x',\ y')$。

$$x' = r_1\cos\theta_1 + Cr_1^{-3/2}\cos\left(\frac{3}{2}\theta_1 + \omega\right)$$

$$y' = \frac{r_1}{\alpha_1}\sin\theta_1 + \alpha_1 Cr_1^{-3/2}\sin\left(\frac{3}{2}\theta_1 + \omega\right) \tag{2.1}$$

式中，$(r_1,\ \theta_1)$ 为试件平面上 $(x,\ y)$ 对应的极坐标；ω 为 K_{II} 和 K_{I} 之间的比例，$\tan\omega = K_{\mathrm{II}}/K_{\mathrm{I}}$，当 $\omega = 0$ 时，对应于 Ⅰ 型裂纹。

$$r_1 = \sqrt{x_1^2 + y_1^2} = \sqrt{x^2 + (\alpha_1 y)^2}$$

$$\tan\theta_1 = \alpha_1\tan\theta = \alpha_1\frac{y}{x} \tag{2.2}$$

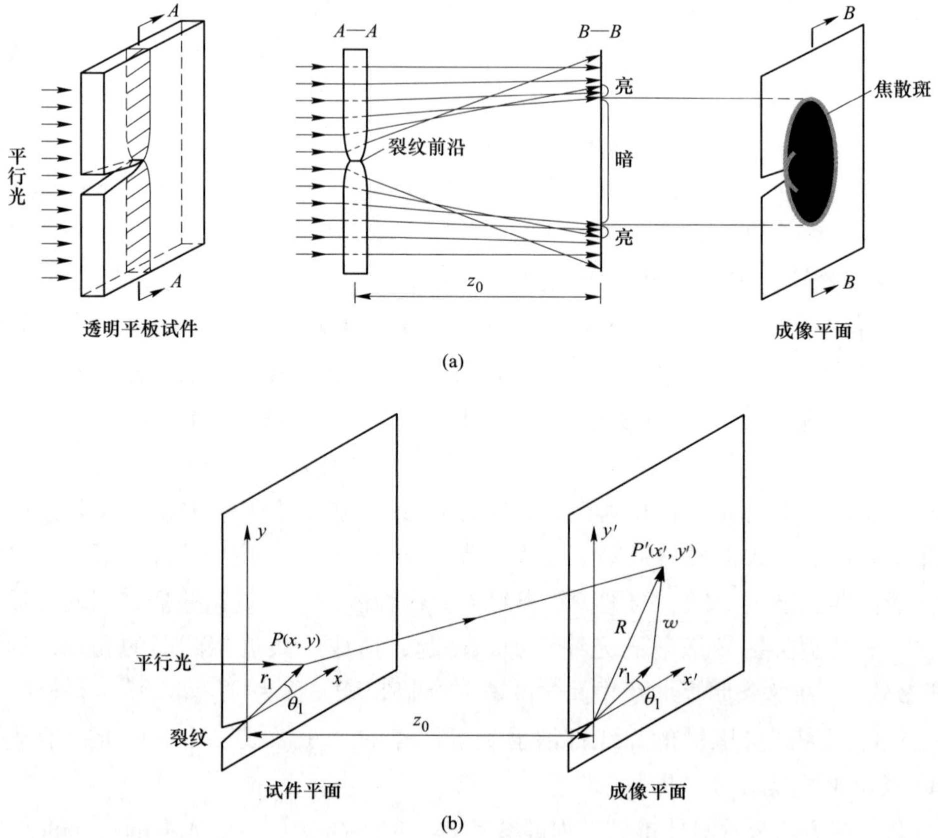

图 2.1　焦散线方法原理

（a）裂尖焦散斑产生原理示意图；（b）数学推导坐标系

$$C = \frac{z_0 c_t d\sqrt{K_{\mathrm{I}}^2 + K_{\mathrm{II}}^2}}{F(v)\sqrt{2\pi}}$$

$$F(v) = \frac{4\alpha_1\alpha_s - (1+\alpha_s^2)^2}{(\alpha_1^2 - \alpha_s^2)(1+\alpha_s^2)}$$

$$\alpha_{1,s} = \sqrt{1 - \left(\frac{v}{C_{P,S}}\right)^2} \tag{2.3}$$

式中，z_0为试件平面到成像平面的距离；c_t为材料的应力-光学常数；d 为试件厚度；$F(v)$ 为速度修正因子。

为了更直观地展示经典焦散斑形状，根据式（2.1）~式（2.3）绘制了经典Ⅰ型和Ⅰ-Ⅱ复合型裂纹尖端焦散斑，如图 2.2（a）和（b）所示。Ⅰ-Ⅱ复合型

裂纹尖端 $K_{\mathrm{II}}/K_{\mathrm{I}}$ 比例选取了 1∶1。需说明的是，尽管式（2.1）考虑了裂纹速度的影响，但实验中裂纹速度小于 $0.2C_{\mathrm{P}}$（纵波波速），速度影响可以忽略。因此，图 2.2（a）和（b）不考虑速度影响。根据焦散斑的直径，便可测出裂尖应力强度因子 K_{I} 和 K_{II}：

$$K_{\mathrm{I}}=\frac{2\sqrt{2\pi}F(v)}{3m^{3/2}c_t dz_0}\left(\frac{D_{\mathrm{T,Lmax}}}{\delta_{\mathrm{T,Lmax}}}\right)^{5/2}\cos\omega \tag{2.4}$$

$$K_{\mathrm{II}}=K_{\mathrm{I}}\tan\omega \tag{2.5}$$

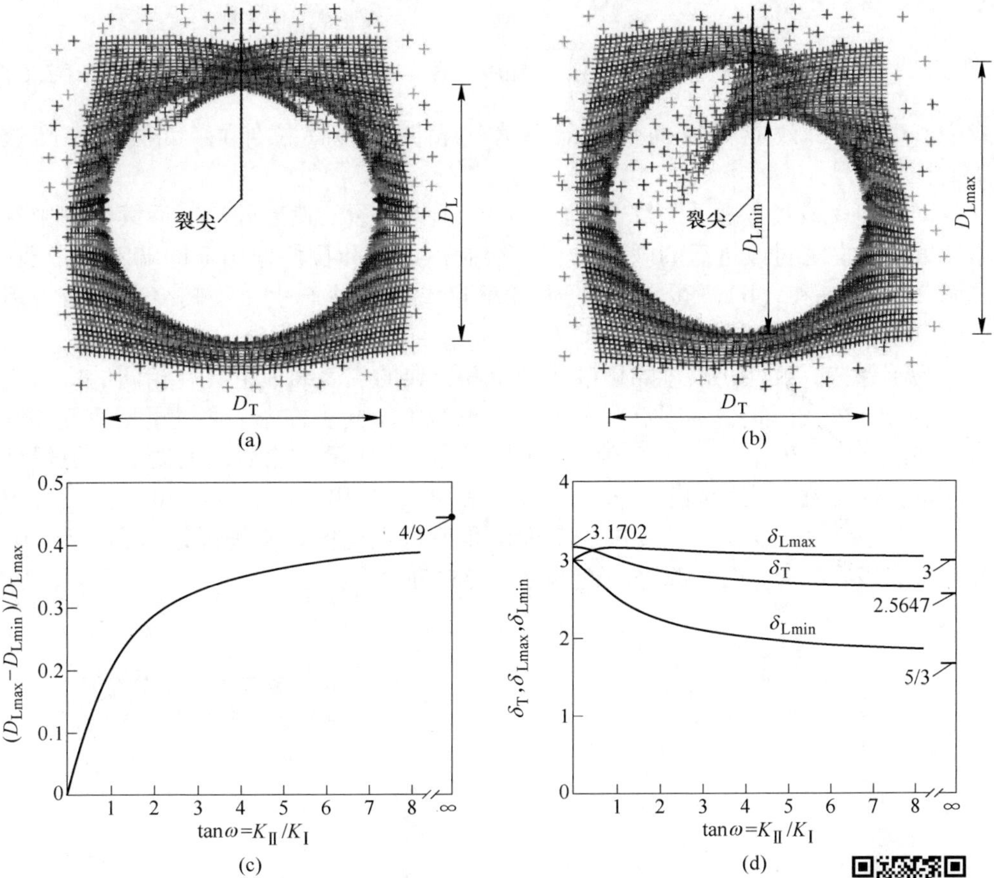

图 2.2 经典焦散线理论测量应力强度因子

（a）Ⅰ型复合型裂纹尖端焦散斑；（b）Ⅰ-Ⅱ复合型裂纹尖端焦散斑；

（c）焦散斑形状与 $K_{\mathrm{II}}/K_{\mathrm{I}}$ 之间的关系；

（d）焦散斑尺寸对应数值因子与 $K_{\mathrm{II}}/K_{\mathrm{I}}$ 之间的关系

彩图

式（2.4）和式（2.5）中未知量有两类：ω 和 δ_{T}、δ_{Lmax}。ω 可根据焦散斑形状

获得，如图2.2（c）所示，然后，δ_T、δ_{Lmax} 可根据 ω 得到。需要说明的是，Ⅰ型裂纹尖端焦散斑是复合型裂纹的特殊情况，即 $K_{Ⅱ}/K_{Ⅰ}=0$，$\omega=0$，$D_L=D_{Lmax}=D_{Lmin}$，$\delta_T=3.1702$，$\delta_L=\delta_{Lmax}=\delta_{Lmin}=3$。

2.2.2　改进的焦散线理论

经典的焦散线理论不能解释爆炸实验中的畸变焦散斑现象。因此，笔者对经典焦散线理论进行了改进，且进行了实验验证[61-62,100]。改进的焦散线映射方程：

$$x' = r_1\cos\theta_l + Cr_1^{-3/2}\cos\frac{3}{2}\theta_1$$

$$y' = \left(\frac{1}{\alpha_1} + \frac{z_0}{f}\right) r_1\sin\theta_1 + \alpha_1 Cr_1^{-3/2}\sin\frac{3}{2}\theta_1 \tag{2.6}$$

式中，f 为透镜效应对应的焦距，正值代表凹透镜（拉伸），负值代表凸透镜（压缩）。

同样地，该式考虑了裂纹速度的影响，但考虑裂纹速度较小，后续绘图中忽略速度影响。通过改进后的映射方程，绘制出压缩和拉伸作用下的畸变焦散斑，如图2.3（a）和（b）所示。由于本章垂直入射P波产生Ⅰ型畸变焦散斑，因此，这里仅考虑Ⅰ型裂纹情况，即 $D_L=D_{Lmax}=D_{Lmin}$，$\delta_L=\delta_{Lmax}=\delta_{Lmin}$。

为了保持一致性，改进的焦散线理论和经典的焦散线理论具有相同的应力强度因子计算公式形式，不同点在于 δ_T、δ_L 的数值不同。首先，通过Ⅰ型畸变焦散斑直径之比 D_T/D_L，获得 z_0/f 值，如图2.3（c）所示。然后，根据 z_0/f 值得到 δ_T、δ_{Lmax} 的数值，便可代入式（2.4）和式（2.5）求出 $K_Ⅰ$ 和 $K_Ⅱ$。从图2.3（c）和（d）发现，经典焦散线理论是改进理论的特殊情况，即当 $z_0/f=0$，$\delta_T=3.1702$，$\delta_L=3$ 时，改进理论退化为经典理论。

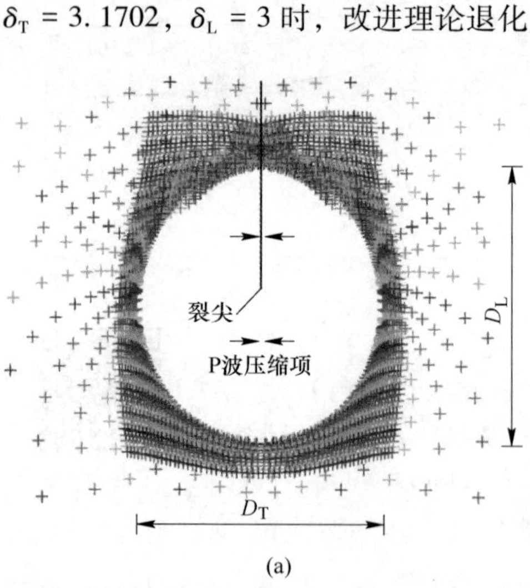

(a)

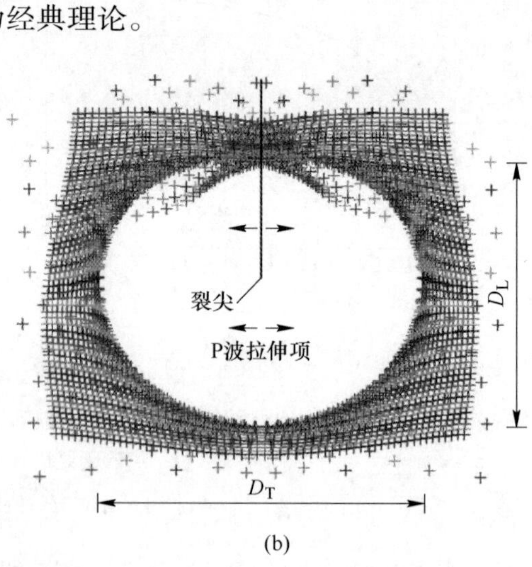

(b)

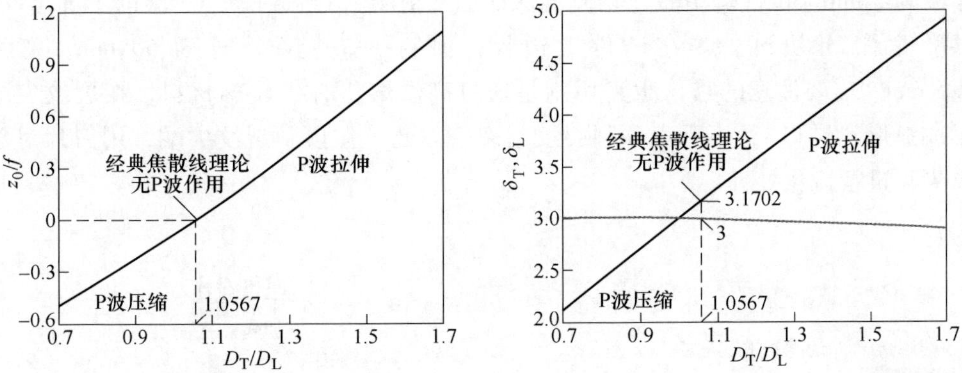

(c) (d)

图 2.3 改进的焦散线理论对应的Ⅰ型裂纹尖端焦散斑

(a) P 波压缩作用时；(b) P 波拉伸作用时；

(c) z_0/f 和焦散斑直径之比 D_T/D_L 的对应关系；

(d) δ_T、δ_L 和 D_T/D_L 的对应关系

彩图

2.3 垂直入射爆炸应力波与裂纹作用实验

2.3.1 实验试件

实验采用有机玻璃，是各向同性、均匀透明的脆性材料。因其透光性好，两侧表面光滑，能够得到清晰的焦散斑图像，广泛应用于焦散线实验。该材料的动态力学参数，见表 2.1。

表 2.1 有机玻璃材料动态力学参数[60]

P 波 $C_P/\mathrm{m\cdot s^{-1}}$	S 波 $C_S/\mathrm{m\cdot s^{-1}}$	Rayleigh 波 $C_R/\mathrm{m\cdot s^{-1}}$	泊松比 μ	应力光学常数 $c_t/\mathrm{m^2\cdot N^{-1}}$	断裂韧度 $K_{\mathrm{I\,C}}/\mathrm{MPa\cdot m^{\frac{1}{2}}}$
2320	1260	1169①	0.31	0.85×10^{-10}	0.90②

①Rayleigh 波波速由 S 波波速及泊松比求得[101]：

$$C_R = \frac{0.862 + 1.14\mu}{1 + \mu} C_S \tag{2.7}$$

②断裂韧度由落锤加载的三点弯曲梁焦散线实验测得。

图 2.4 展示了试件尺寸和炸药布置方案。试件尺寸为：320 mm × 192 mm，厚度为 5 mm。试件均由激光切割，保证加工精度。考虑到爆炸实验的不确定性，共准备了 21 块试件。在试件上边界，预制一条裂纹，长为 60 mm，宽为 0.5 mm。需要注意的是，激光切割是通过高温熔化有机玻璃材料，在裂纹尖端形成弧形“钝口”，不利于预制裂纹起裂。因此，在预制裂纹尖端，用刀片对裂纹尖端进行锐化处理。

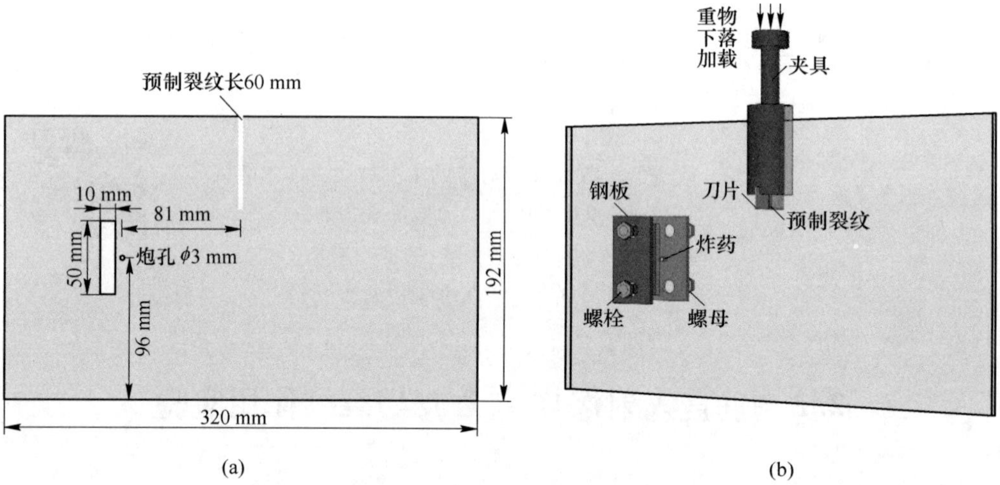

图 2.4　试件和加载示意图

（a）试件尺寸；（b）落锤冲击和炸药布置

试件中炮孔的位置位于左侧，直径为 3 mm，使用炸药为叠氮化铅（PbN_6），药量为两种：20 mg 和 60 mg。首先，采用 20 块试件开展 20 mg 炸药实验，验证重复性。最后，进行 1 次 60 mg 炸药实验，目的是对比不同爆炸应力波能量对裂纹扩展的影响规律。炮孔距离预制裂纹为 81 mm，这一距离是通过试爆实验确定。若距离过小，爆炸 P 波和 S 波叠加在一起，不利于两者分辨；若距离过大，则实验中 P 波和 S 波衰减过多，实验图像不清晰。

叠氮化铅为高敏感度炸药，在使用过程中应避免摩擦、冲击和阳光直射。在炮孔左侧后方，切割出一个 50 mm × 10 mm 的矩形，吸引炮孔产生的爆生裂纹，防止与预制裂纹发生相互作用。炸药起爆后，爆生裂纹与空矩形贯通，破坏了爆炸应力波的反射边界。因此，减少了反射爆炸应力波，进而便于实验结果分析。

2.3.2 实验系统

本章采用激光焦散线实验系统，该系统的组成部分可在文献［22］和［60］中查阅到。这里简单介绍各个组成部分，并重点阐述每个组成部分的作用。

按激光传播方向的顺序，动态焦散线实验系统由激光器、扩束镜、场镜1、加载平台、场镜2、高速相机和计算机组成，如图2.5所示。实验中采用波长为532 nm的绿色激光，相干性好，实验中焦散线清晰明亮。同时，单色光的优势在于：形成的焦散斑图像明暗对比清晰，减少了测量误差。扩束镜的作用：将直径约为5 mm的激光光斑，扩大为直径300 mm的圆形光场。场镜1的作用：将扩束后的激光光线调整为平行光束。平行光束使得计算裂尖应力强度因子时，放大系数等于1，简化计算过程。场镜2的作用：将通过试件的光线汇聚于高速相机镜头上，保证高速拍摄时有足够的光强。以上光学仪器的中心须位于同一轴线上，以保证焦散斑图片清晰。

(a)

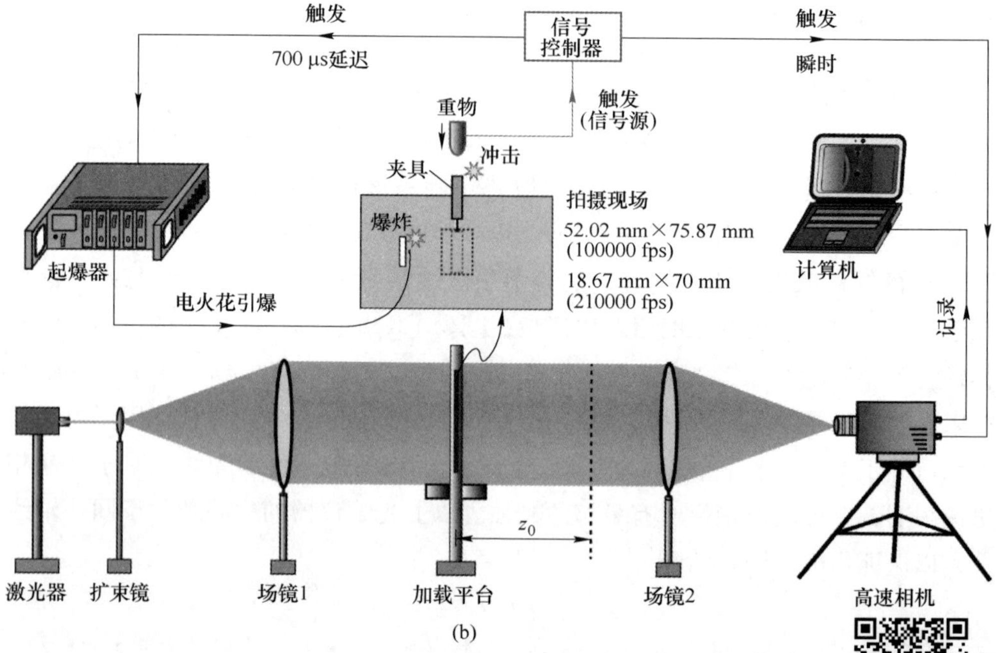

图 2.5　实验系统
(a) 实物图；(b) 示意图

彩图

除了光学仪器参数的设置，高速相机的参数应根据实验要求进行设置。采用高速相机 Photron SA5，内存 16 G，可循环记录。该相机随着拍摄速度增加，实际拍摄视场相应地减小。既要拍摄速度快，又要拍摄视场大，存在一定的矛盾。因此，本实验采用了两种拍摄速度：100000 帧/秒和 210000 帧/秒。前者用于大视场内观察应力波的传播，后者用于捕捉更详细的裂纹扩展行为，两者互相补充，丰富实验数据。100000 帧/秒拍摄速度对应：像素场 192 pixel×280 pixel，实际拍摄范围 52. 02 mm× 75. 87 mm。210000 帧/秒拍摄速度对应：像素场 64 pixel×240 pixel，实际拍摄范围 18. 67 mm × 70 mm。曝光时间设置为 1 μs，使拍摄图像清晰，减少虚影。

高速相机和起爆器通过信号控制器相连。通过信号控制器实现“先裂纹扩展，后起爆”。当重物下落冲击到试件时，信号控制器被触发，并同步触发高速相机开始记录，而起爆器延迟 700 μs 后触发。延迟起爆时间通过试爆实验确定，目的是使爆炸应力波波阵面与裂纹面相切。

下落重物质量约为 0. 88 kg，下落高度约为 395 mm。根据自由落体速度公式得出冲击前的重物速度约为 2. 78 m/s。预先在预制裂纹中嵌入刀片，重物撞击刀片产生动态扩展裂纹。爆炸应力波由叠氮化铅（PbN_6）产生，本实验采用两种炸药药量：20 mg 和 60 mg。该炸药具有高敏感性，装药过程需特别小心。细铜丝与起爆器连接，起爆器产生的高电压差在铜丝尖端瞬间放电过程中产生电火花，用来引爆炸药。爆炸后开窗通风，减少有毒爆生气体。

2.3.3 爆炸后试件

图 2.6 为爆炸后的代表性试件：试件 18（20 mg 叠氮化铅）、试件 21（60 mg 叠氮化铅）。相比 20 mg 炸药，60 mg 炸药爆炸后在炮孔周围产生更长的裂纹，且炮孔周围粉碎区范围更大。更明显的是，60 mg 炸药爆炸后，试件中间运动裂纹路径出现反复偏转；而 20 mg 炸药爆炸后，运动裂纹路径仍以直线为主。这种不同的原因是：60 mg 炸药爆炸后试件边界产生的反射波能量更大，反射波作用于裂纹使其偏转。垂直入射的 P 波、S 波对裂纹扩展方向影响较小，可通过后面高速相机图片观察到。

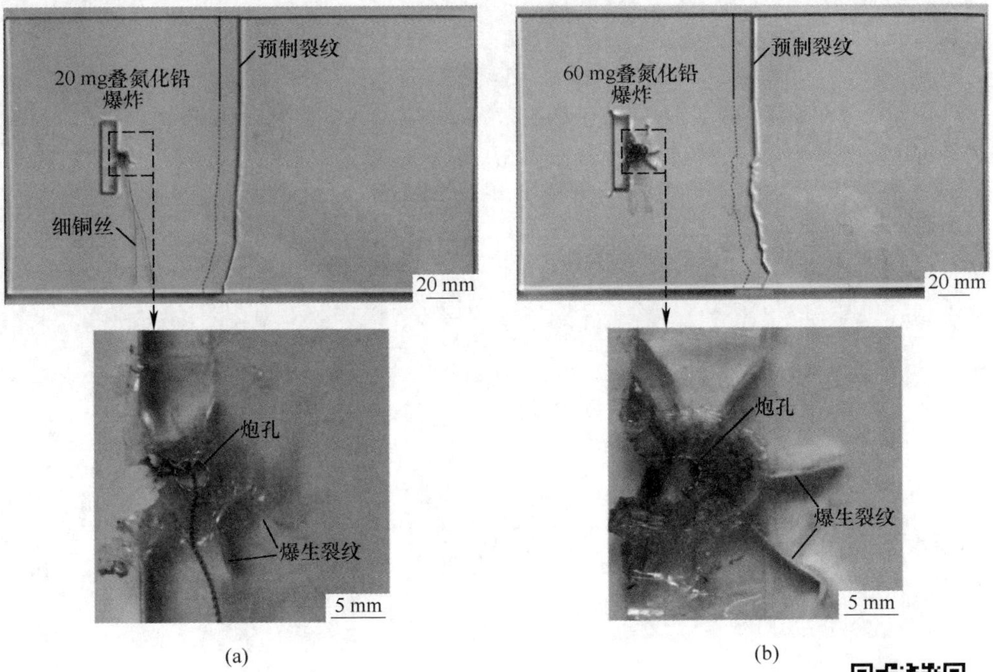

图 2.6 爆炸后试件

（a）试件 18（20 mg 叠氮化铅）；（b）试件 21（60 mg 叠氮化铅）

彩图

2.3.4　高速相机拍摄的焦散斑图像

2.3.4.1　拍摄速度 100000 帧/秒

为在较大视场内观察 P 波和 S 波，相机拍摄采用了 100000 帧/秒，实际拍摄范围为 52.02 mm× 75.87 mm。图 2.7 展示了代表性试件 18 中，垂直入射 P 波、

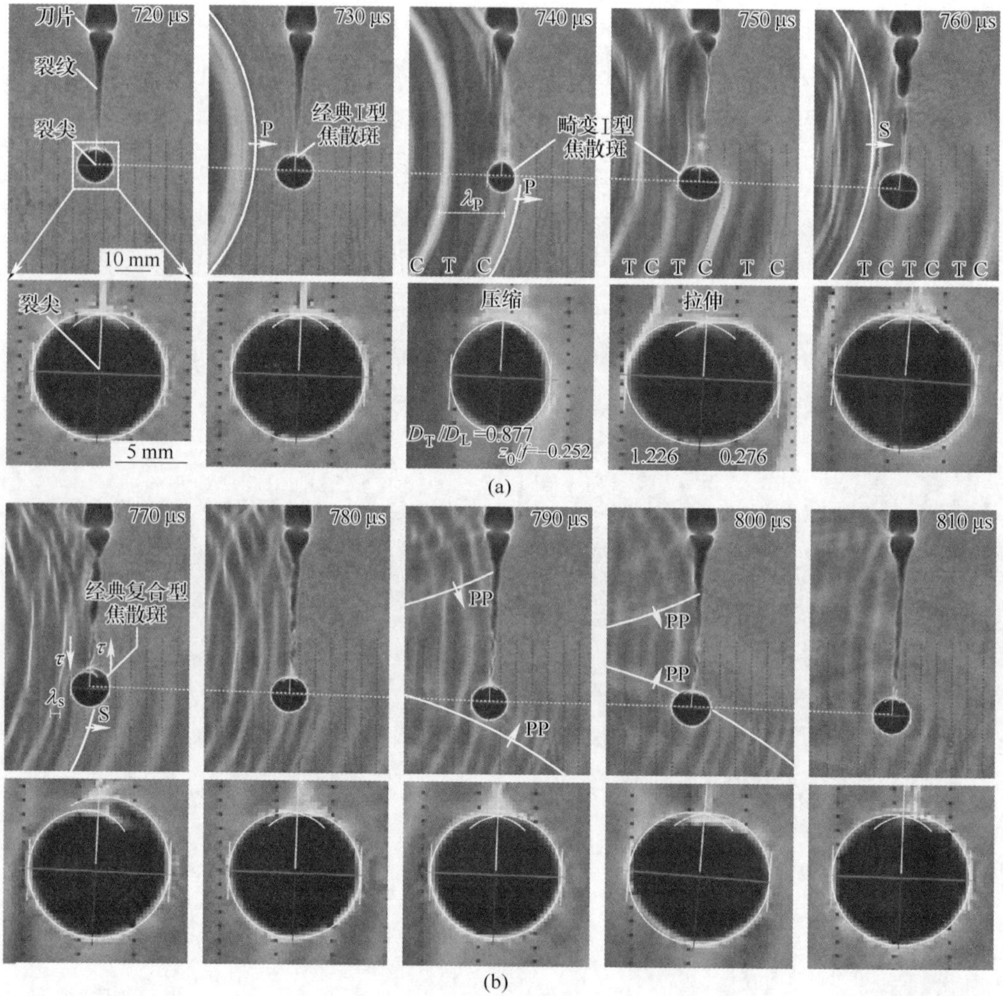

图 2.7　试件 18(20 mg 叠氮化铅) 爆炸焦散斑图像

(a) P 波作用；(b) S 波作用

彩图

S 波作用于裂纹的焦散线图像。首先面临的问题是：如何辨别 P 波和 S 波？P 波和 S 波对应的明暗条纹密度不同，以此来辨别两者。通过图像发现，P 波波长大于 S 波波长，与实际情况相符合。另一方面，P 波作用下裂纹为对称加载，裂纹尖端为Ⅰ型对称焦散斑；然而，S 波作用下裂纹为非对称加载，裂纹尖端为Ⅰ-Ⅱ复合型非对称焦散斑。通过裂尖焦散斑形状（代表不同的断裂模式）也可辨别 P 波和 S 波，与通过条纹密度辨别结果一致。P 波压缩项产生凸透镜效应，对应亮条纹，用“C”标记；而拉伸项产生凹透镜效应，对应暗条纹，用“T”标记。

为进一步验证 P 波和 S 波辨别的正确性，计算了 P 波和 S 波到达裂纹的时间，并与相机拍摄结果对比。炮孔距离裂纹水平距离为 81 mm。根据 P/S 波波速，起爆后 P 波到达裂纹时间：81 mm/(2320 m/s) = 34.91 μs；S 波到达裂纹时间：81 mm/(1260 m/s) = 64.29 μs。一般认为 P/S 波是爆炸后同时产生的，理论上两者到达裂纹时间上相差 29.38 μs，与高速相机拍摄图像中 30 μs 基本一致。因此，通过三种方法：明暗条纹密度、裂尖焦散斑形状、波到达裂纹时间，辨别并验证了 P 波和 S 波，为后续“波-纹”作用分析提供了前提。

为直观地观察裂纹尖端受力，将裂尖焦散斑放大。P 波作用下，裂尖焦散斑发生畸变：压缩项使其“压扁”，拉伸项使其“拉长”，不符合经典焦散斑理论，与改进的焦散斑理论符合。然而，S 波作用下，焦散斑形状与经典焦散线理论相符。这一发现是爆炸焦散线实验的重要特点，即不能直接搬来经典焦散线理论来解释爆炸实验现象。必须改进理论公式，否则测出的应力强度因子、裂纹速度将产生不可控的误差，以此为基础得出的结论也不可靠。

为直观地观察裂纹速度，将裂尖位置用虚线连接在一起，发现并不有效。因此，还需提高拍摄速度，才能观察到更详细的裂纹扩展行为。

2.3.4.2 验证实验重复性（100000 帧/秒）

考虑爆破实验的不确定性，进行了重复性实验，结果如图 2.8 所示。重复性实验采用 20 mg PbN_6，延迟爆炸时间均为 700 μs。因延迟控制器的误差，图中时间有一点误差。实验中发现，P 波压缩项、拉伸项产生的畸变焦散斑，与图 2.7 一致，验证了爆炸实验的重复性。另外，重复性实验爆炸后裂纹形态，如图 2.9 所示，与图 2.6（a）相似。从这些重复性爆炸实验中发现，P 波有明显条纹，而 S 波条纹不明显，因此需要增加炸药量。

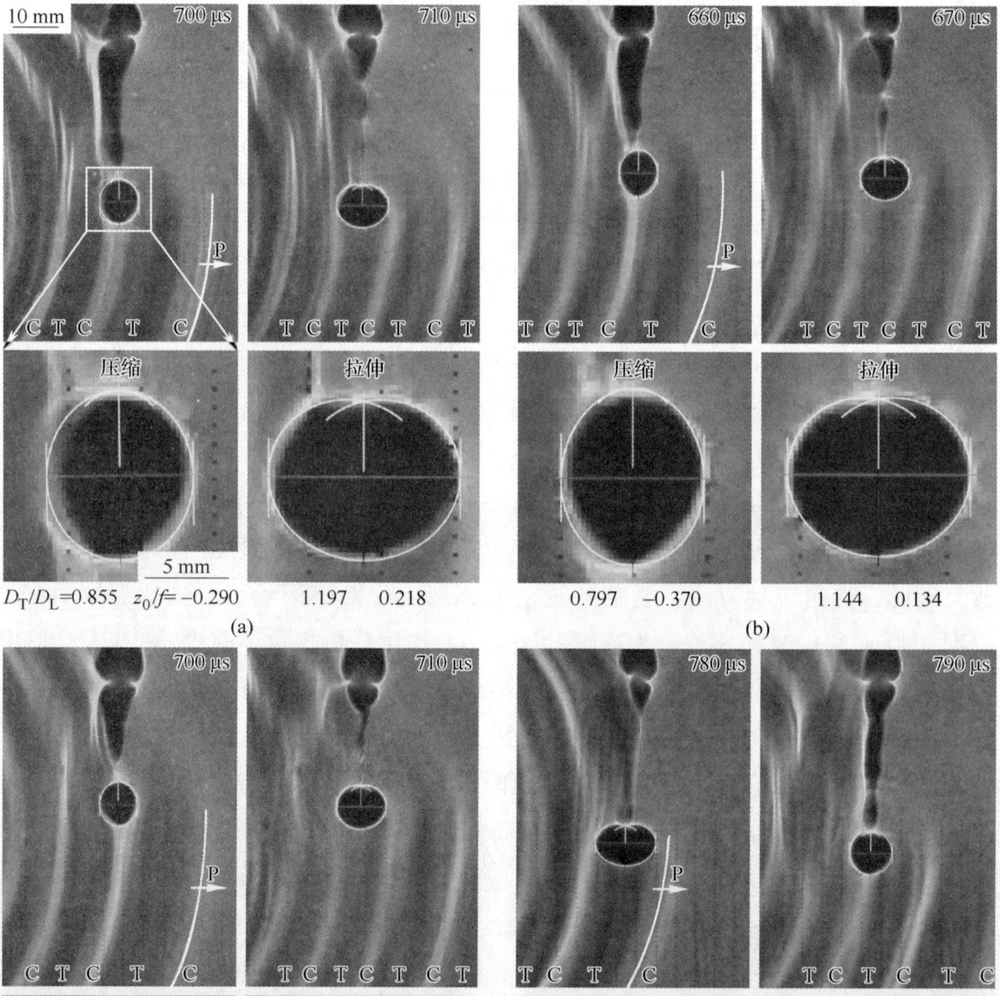

图 2.8　验证实验重复性

(a) 试件 6；(b) 试件 11；(c) 试件 16；(d) 试件 19

彩图

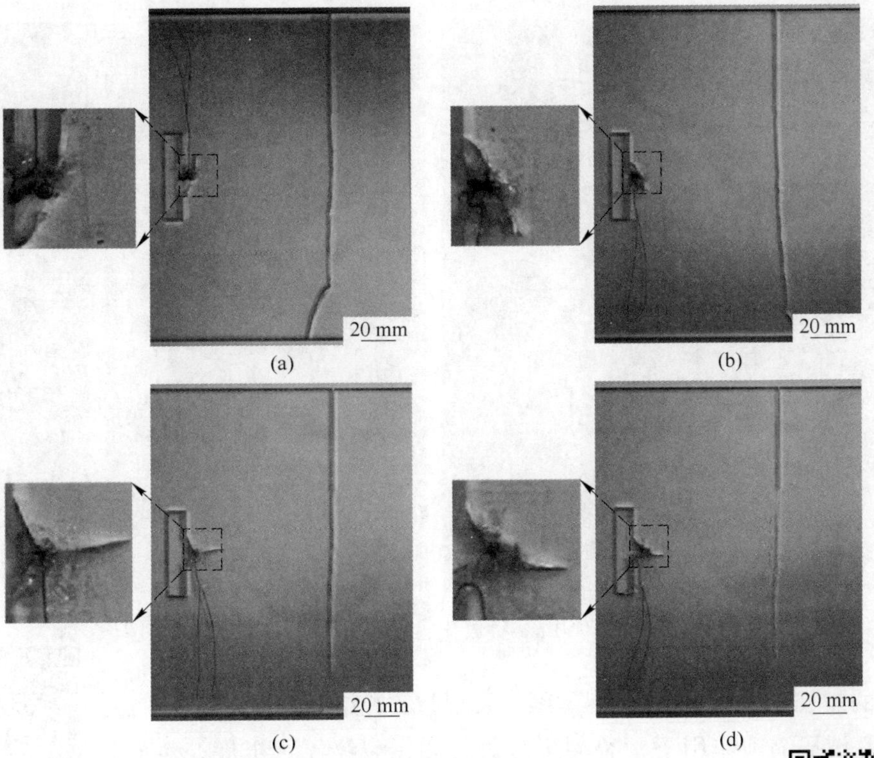

图 2.9 重复性爆炸实验后的试件

（a）试件 6；（b）试件 11；（c）试件 16；（d）试件 19

彩图

2.3.4.3 拍摄速度 210000 帧/秒

为观察到更详细的裂纹扩展过程，相机拍摄速度采用 210000 帧/秒。为观察到更清晰的“波-纹”作用过程，炸药量由 20 mg 增加到 60 mg。图 2.10～图 2.12 展示了试件 21 的爆炸焦散线实验图像，对应三阶段：（1）爆炸应力波作用前；（2）爆炸 P 波、S 波作用时；（3）反射波作用时。

图 2.10 展示了爆炸应力波作用前，运动裂纹仅受到重物冲击的扩展过程。裂纹以直线扩展，裂尖产生经典的Ⅰ型对称焦散斑。将裂尖位置连接起来，发现裂纹处于稳定扩展状态。

图 2.11（a）展示了 P 波作用下裂纹扩展过程。根据条纹亮度，60 mg 炸药比 20 mg 炸药产生能量更大的 P 波，造成裂纹停滞。同时，在裂纹尖端产生清晰的衍射 P 波（P_dP），S 波（S_dP）和 Von Schmidt 波（VP）。

P 波作用下裂尖产生畸变焦散斑，意味着裂尖应力场并非为 K 场主导。采用

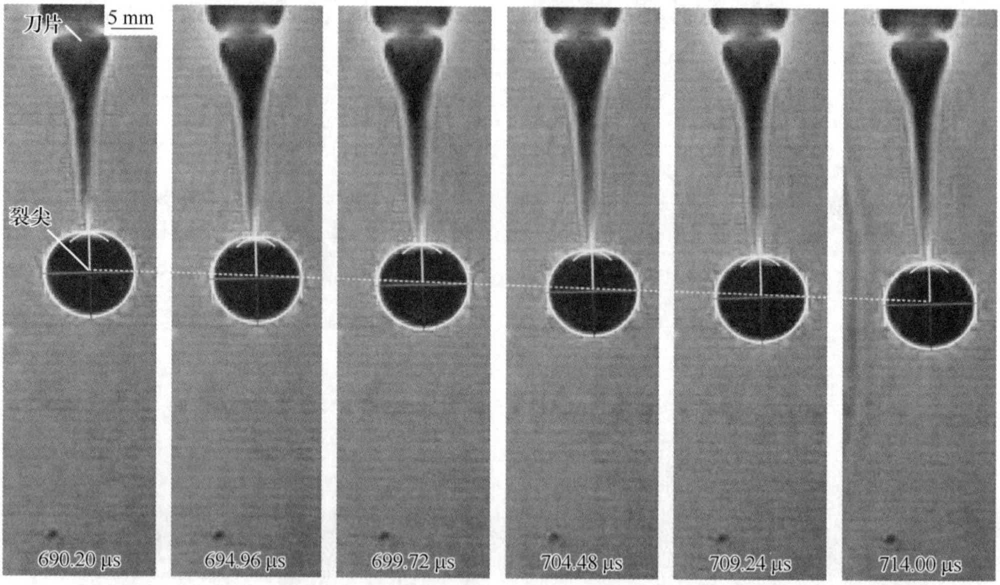

图 2.10　试件 21(60 mg 叠氮化铅) 爆炸前裂纹扩展焦散斑图像

彩图

改进的焦散斑理论，绘制出焦散线，发现与实验结果吻合。723. 52 μs 时，P 波压缩项作用下，裂尖焦散斑压扁，裂纹停止扩展；然而，728. 28 μs 时，P 波拉伸项作用下，裂尖焦散斑拉长，裂纹重新起裂扩展。需注意的是 737. 80 μs 时，因处于“压拉”加载转变，产生了非对称 I 型焦散斑。从裂尖位置连线，可明显发现 P 波拉伸项作用下，裂纹扩展突然加速。而后，裂纹处于“压-拉”周期性加载，表明爆炸 P 波并非 1 个“压-拉”周期，而是多个周期性作用。

图 2. 11 (b) 展示了 S 波作用下裂纹扩展过程。根据条纹密度辨别出 S 波，可通过波到达裂纹的时间来验证。P 波、S 波到达裂纹的时间分别是：723. 52 μs、752. 08 μs，相差 28. 56 μs，与理论计算结果 29. 38 μs 接近。根据条纹亮度，60 mg 炸药比 20 mg 炸药产生能量更大的 S 波，S 波条纹更清晰。

S 波作用下裂尖焦散斑符合经典焦散线理论图像，意味着 S 波作用下裂尖应力场仍可视为由 K 场主导。通过焦散斑开口方向，发现 S 波的周期性作用。裂纹尖端受到“顺时针-逆时针”周期性变换的剪切作用。从裂尖位置连线看，S 波作用下裂纹速度增加，尤其是在 752. 08 μs S 波刚作用于裂纹时，但不具有持续性。随着 S 波传播过去，裂纹速度降低，且 771. 12 μs 时裂尖重新恢复到经典 I 型断裂模式。此刻，试件边界反射波 PP 进入视场，将对裂纹扩展产生重要影响。

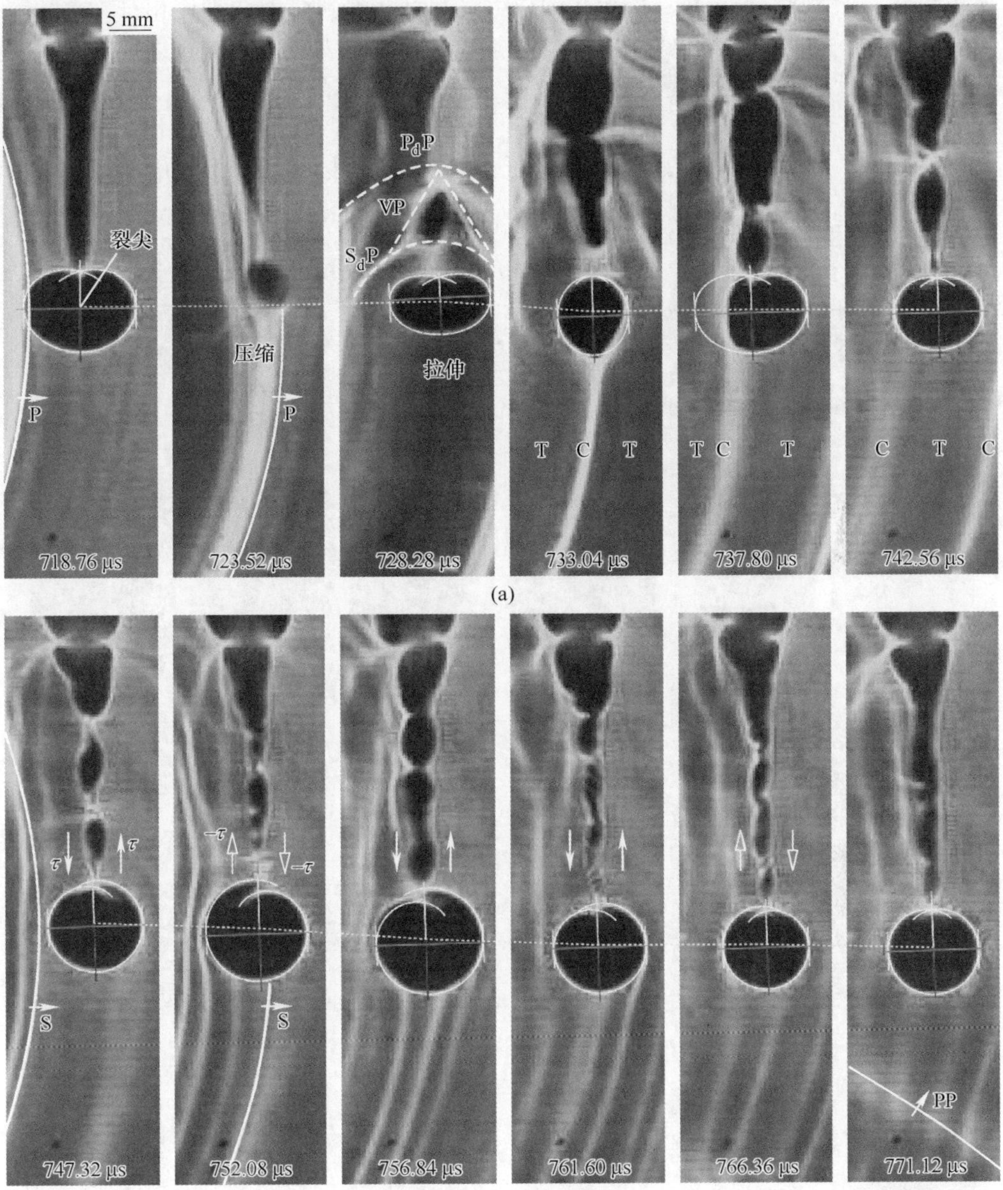

(b)

图 2.11 试件 21(60 mg 叠氮化铅) 爆炸应力波作用于裂纹时焦散斑

(a) P 波作用；(b) S 波作用

彩图

图 2.12 展示了反射波作用下裂纹扩展过程。为简练地展示，高速相机图片每隔 1 幅展示 1 幅，即图 2.12 中相邻图片时间间隔 9.52 μs，而高速相机拍摄间隔 4.76 μs。从图中发现，反射波作用下产生复合型裂纹，比 S 波作用情

况更明显。除 828. 24 μs 外，裂尖焦散斑大多数都与经典焦散线理论相符，意味着反射波作用下裂尖应力场仍可视为 K 场主导。由于试件四边均产生反射波，裂纹受到各个方向反射波作用，裂尖断裂模式呈“I-II 复合型”和“I 型”周期性变化，相应裂纹路径出现“左右”周期性偏转。从裂尖位置连线看，反射波作用下裂纹呈“加速-减速”的非稳态扩展状态。定量的分析，须进一步计算每时刻的速度值。

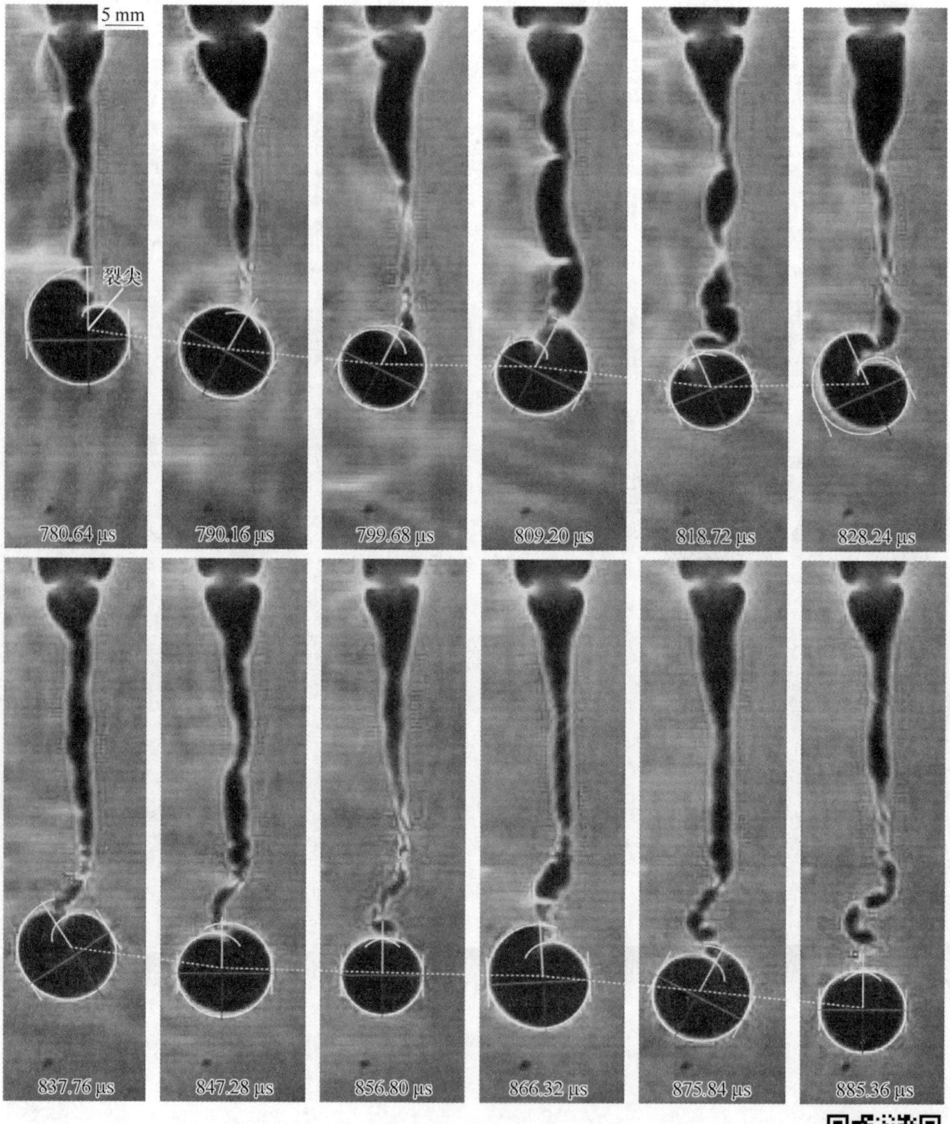

图 2. 12　试件 21 反射波作用下焦散斑图像

彩图

2.3.5　裂纹尖端位置和扩展路径

将裂尖位置对应的坐标，绘制在同一幅图中，便得到裂纹的扩展路径，如图 2.13 所示。图 2.13 中，裂纹路径与高速相机图片、爆破后试件照片作对比，整体上符合。

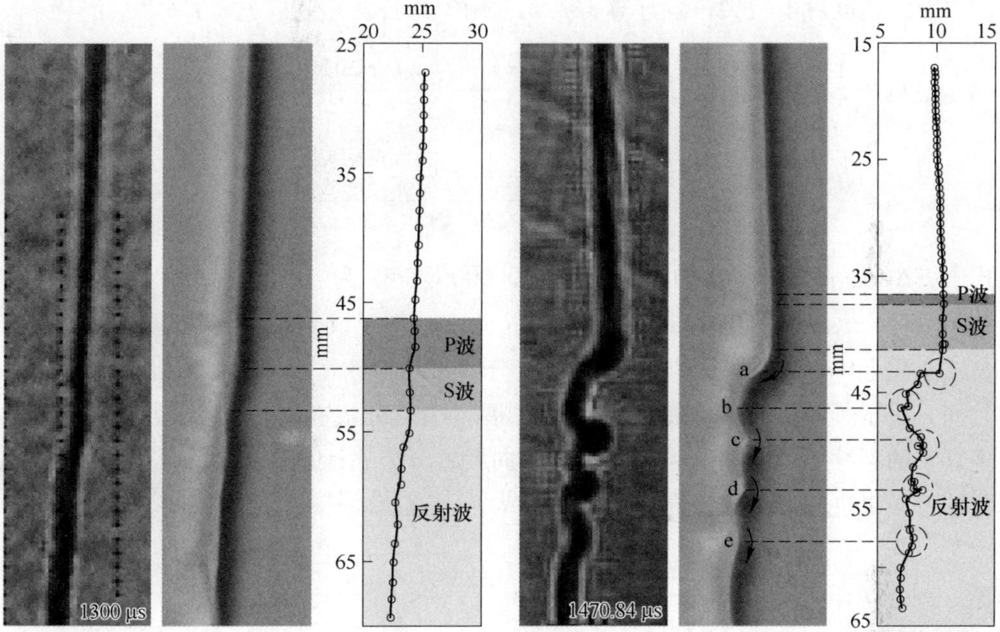

(a)　　　　(b)

图 2.13　裂纹路径对比

（a）试件 18(20 mg 叠氮化铅)；（b）试件 21(60 mg 叠氮化铅)

彩图

不同药量的爆破对裂纹路径产生不同的影响。相比 20 mg 叠氮化铅，60 mg 叠氮化铅爆炸 P 波作用下裂纹几乎停滞，主要原因是 P 波压缩项起主导作用；爆炸 S 波作用下，两种药量爆炸实验中裂纹扩展长度相当。无论大、小炸药量，爆炸实验中，垂直入射的 P 波、S 波对裂纹扩展方向影响较小，裂纹仍沿着原竖直方向扩展。这一现象可从高速相机焦散斑图片得到解释，P 波作用下裂纹是 I 型断裂；S 波作用下裂纹尖端受周期性正负交替的剪切作用（裂纹并未受单一偏转作用力）。因此，裂纹扩展路径整体上仍为直线。

然而，反射波对裂纹扩展方向产生明显干扰，裂纹路径发生偏转。对比发现，随着炸药量增大裂纹偏转越明显，因为药量越大，反射波能量越大。

图 2.13（b）中，裂纹偏转处用 a、b、c、d、e 标记，b 为逆时针偏转，其他均为顺时针偏转。与裂尖位置图对照发现，裂纹偏转处对应于裂尖位置密集区，即裂纹速度降低区；而两个偏转处中间，对应于裂尖位置稀疏区，即裂纹速度增加区。

2.3.6　裂纹速度、应力强度因子及两者之间的关系

裂纹速度可由裂尖位置计算得到，常用中点公式：

$$v_i(t)=\frac{1}{2}\left[\frac{l_{i+1}(t+\Delta t)-l_i(t)}{\Delta t}+\frac{l_i(t)-l_{i-1}(t-\Delta t)}{\Delta t}\right]$$

$$=\frac{\sqrt{(x_{i+1}-x_i)^2+(y_{i+1}-y_i)^2}+\sqrt{(x_i-x_{i-1})^2+(y_i-y_{i-1})^2}}{2\Delta t}\qquad(2.8)$$

式中，Δt 为高速相机拍照间隔，100000 帧/秒为 10 μs，210000 帧/秒为 4.76 μs；$(x_i,\ y_i)$ 为 i 时刻裂尖坐标；l_i 为 i 时刻裂纹长度。需注意的是，中点公式实质上中心差分，是向前和向后差分的平均值，适合于裂纹稳态扩展情况。然而，对于爆炸实验中非稳态的裂纹扩展，中点公式有“削峰”效果，不能体现真实的裂纹扩展状态。因此，采用了向后差分公式计算裂纹速度，并与中心差分计算结果进行了对比。向后差分公式为：

$$v_i(t)=\frac{l_i(t)-l_{i-1}(t-\Delta t)}{\Delta t}=\frac{\sqrt{(x_i-x_{i-1})^2+(y_i-y_{i-1})^2}}{\Delta t}\qquad(2.9)$$

裂纹扩展的重要参数除了速度外，还有裂尖应力强度因子：K_{I} 和 K_{II}。根据裂尖焦散斑的形状，确定计算 K_{I} 和 K_{II} 的公式。若为经典的近似圆形焦散斑，则采用经典焦散线公式（2.4）和式（2.5）。若为畸变焦散斑，则采用改进的焦散线理论，虽然仍采用公式（2.4）和式（2.5）。但是，式中的参数 δ_{T}、δ_{Lmax} 需要提前确定，两者与焦散斑形状有关。考虑到爆炸 P 波作用下，出现了非对称的Ⅰ型畸变焦散斑（见图 2.11（a）中 737.80 μs 时刻），测量横向直径 D_{T} 受到干扰。因此，为减少测量误差和符合测量一致性，本实验测量应力强度因子时均采用纵向直径 D_{Lmax}。

图 2.14（a）是试件 18 的裂纹扩展速度，对比了中心差分和向后差分计算结果。爆炸 P 波作用前，中心和向后差分计算的裂纹速度一致性较好，速度稳定在 138 m/s 左右。裂纹仅受到落锤作用，处于稳态扩展。爆炸 P 波作用后，中心差分和向后差分计算的速度差别较大，向后差分更能体现裂纹扩展的非稳态性和

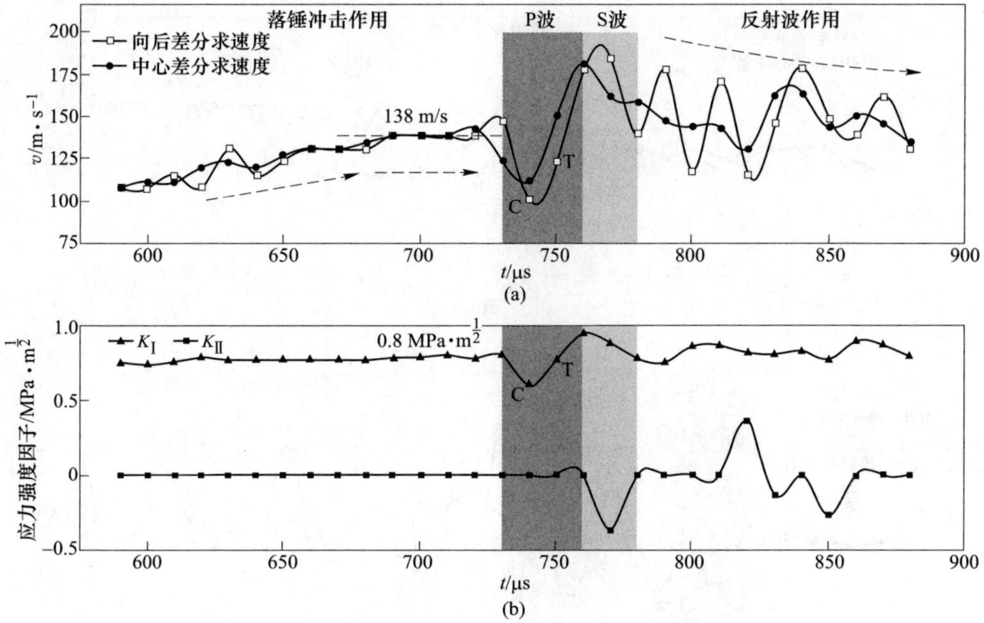

图 2.14　试件 18 测量结果

（a）裂纹扩展速度；（b）应力强度因子，拍摄速度 100000 帧/秒，炸药量 20 mg 叠氮化铅（C：P 波压缩项作用；T：P 波拉伸项作用）

速度的波动性。因此，后续分析中采用向后差分计算结果。P 波压缩项作用下，裂纹速度降低；而 P 波拉伸项作用下，裂纹速度增加。而后，S 波和反射波作用下，速度逐渐波动降低，趋于爆炸前的速度。

图 2.14（b）是试件 18 的裂纹尖端应力强度因子：K_{I} 和 K_{II}。爆炸 P 波作用前，K_{I} 维持在 0.8 MPa · m$^{\frac{1}{2}}$，而 K_{II} 为零，为纯 Ⅰ 型裂纹。P 波作用下，K_{I} 与速度变化趋势相似，P 波压缩项使其降低，而 P 波拉伸项使其增加。S 波和反射波作用下，K_{I} 逐渐趋于爆炸作用前的值，K_{II} 在正负值间波动，逐渐趋于零。无论是图 2.14（a），还是图 2.14（b），都存在采样率低的问题，即拍照频率低，P 波压缩项和拉伸项仅有 1 个数据。因此，100000 帧/秒对于研究“波-纹”作用而言，仍不满足。

图 2.15（a）和（b）是试件 21 中裂纹扩展速度，分别对应爆炸 P 波作用前和作用后。爆炸 P 波作用前，中心差分和向后差分计算的速度一致性较好，体现了裂纹稳态扩展，速度从约 100 m/s 缓慢上升到 139 m/s，与试件 18 相似。然而，爆炸作用后，裂纹速度在 0～400 m/s 间波动，大于试件 18 中的波动范围

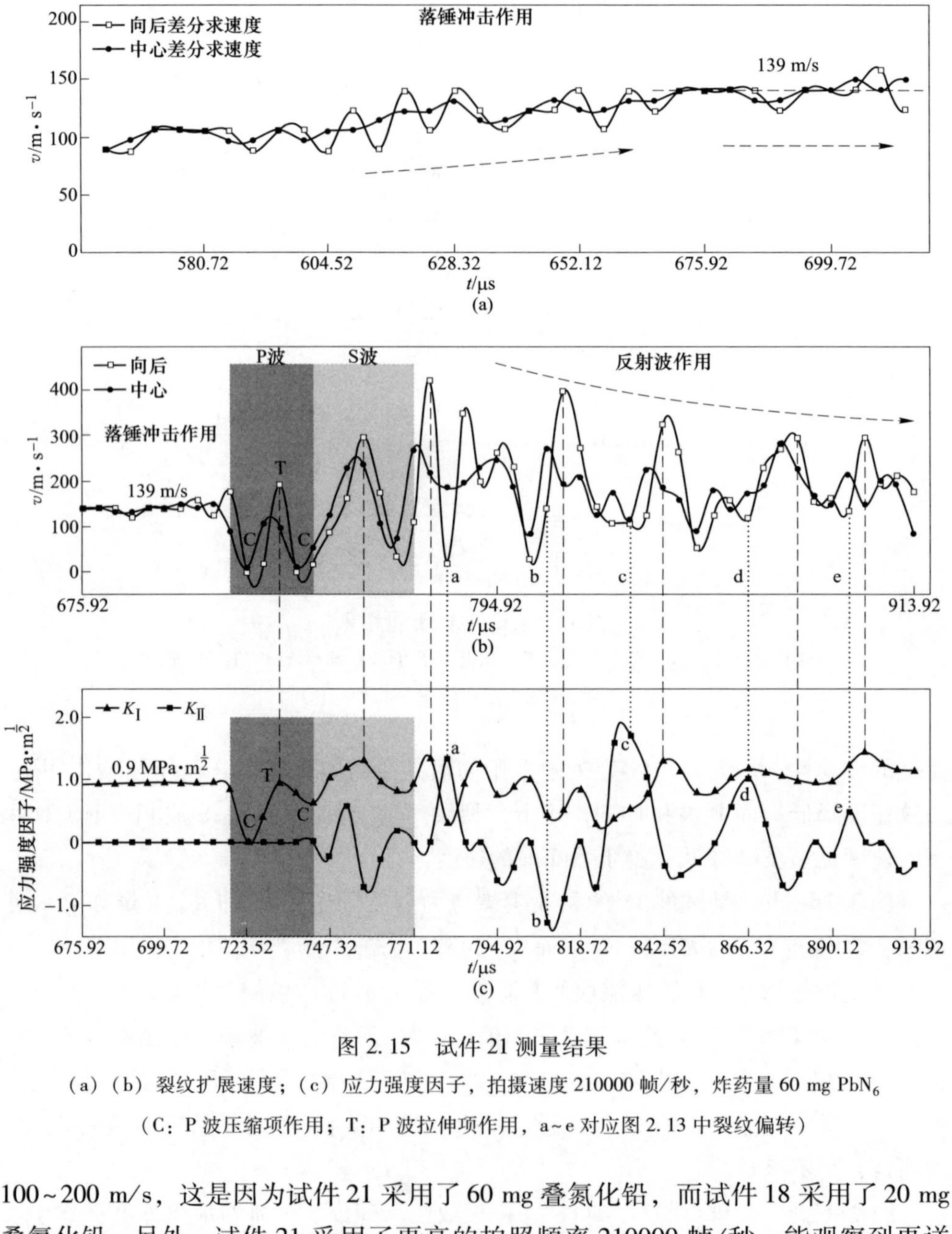

图 2.15　试件 21 测量结果

（a）（b）裂纹扩展速度；（c）应力强度因子，拍摄速度 210000 帧/秒，炸药量 60 mg PbN_6

（C：P 波压缩项作用；T：P 波拉伸项作用，a~e 对应图 2.13 中裂纹偏转）

100~200 m/s，这是因为试件 21 采用了 60 mg 叠氮化铅，而试件 18 采用了 20 mg 叠氮化铅。另外，试件 21 采用了更高的拍照频率 210000 帧/秒，能观察到更详细的裂纹扩展状态。P 波压缩和拉伸项作用下，裂纹出现周期性的停滞和重新起裂，但仍以压缩项作用为主。S 波作用下裂纹加速，但是随着 S 波的传播，裂纹并未在加速后的速度峰值维持，而是立刻减速，意味着剪切作用下裂纹不能获得持久扩展。反射波作用下裂纹速度在波动中下降，逐渐趋于爆炸前的扩展状态。

图2.15（c）是试件21中裂纹尖端应力强度因子：K_{I} 和 K_{II}。K_{I} 的变化趋势和裂纹速度相似，爆炸作用前维持在0.9 MPa · $m^{\frac{1}{2}}$；爆炸P波压缩项作用下降低，而拉伸项作用下增加；S波作用下 K_{I} 先增加后降低；反射波作用下 K_{I} 逐渐趋于爆炸前的值。对比裂尖 K_{I} 和速度，发现 K_{I} 峰值对应于速度峰值。由于速度峰值对应于裂纹路径“直线段”（见图2.13（b）），因此 K_{I} 峰值对应于直线段裂纹。

图2.15（c）中 K_{II} 在P波作用下为零，这是因为垂直入射P波波阵面与裂纹面平行，为对称加载，仅产生Ⅰ型断裂。S波作用下，K_{II} 在正负间波动，这是因为S波在裂尖产生顺时针、逆时针交替的剪切作用。反射波作用下，K_{II} 波动性最明显，侧面体现了分析实验结果时考虑反射波的重要性。对比 K_{II} 和裂纹速度发现：K_{II} 的极值（波峰为正值，波谷为负值）均对应速度降低区。由于速度降低区对应于裂纹路径“偏转段”（见图2.13（b）），因此 K_{II} 峰值对应于偏转段裂纹。

2.4 爆炸应力波辨别及复合型焦散斑测量存在的问题

2.4.1 P波、S波的辨别

本章分析垂直入射爆炸P波和S波对运动裂纹的作用机理，首先须准确地辨别P波和S波。相比于动光弹，动焦散爆破实验侧重研究裂纹尖端焦散斑，而忽略了爆炸应力波条纹。这是因为动焦散爆破实验中P波、S波不易辨别，且随着传播距离增大，应力波条纹逐渐模糊。因此，限制了动焦散爆破实验结果的深入分析。本章的目的之一，是抓住动焦散爆破实验中的应力波条纹信息，突破动焦散方法在应力波辨别方面的局限，进而实现应力波对裂纹作用机理的深入、具体分析。

P波、S波的辨别过程：（1）肉眼可见动焦散爆破实验图像中，有两种密度不同的条纹。因P波波速大于S波，处于最前面的确定为P波，条纹较稀疏。那么，处于后方，较密集条纹代表的是S波吗？（2）计算P波、S波到达裂纹尖端的时间差，发现与实验中两种密度不同的条纹到达裂纹尖端的时间差吻合，确定了密集条纹代表的是S波。（3）对比两种应力波对裂尖应力场的作用，发现稀疏条纹仅产生压缩、拉伸作用，而密集条纹产生剪切作用，进一步验证了 P 波和 S 波的辨别是正确的。

2.4.2　复合型焦散斑测量存在的问题

复合型裂纹扩展是爆破实验中的重要特征。由于爆炸应力波与裂纹的作用角度具有随机性，常常发生非对称加载，产生拉剪、压剪断裂模式。以往爆破实验大多关注张开型（即Ⅰ型）裂纹扩展，建立了Ⅰ型畸变焦散斑测量准则[61-62,100]，对复合型焦散斑的关注较少。相比Ⅰ型焦散斑，复合型焦散斑的测量更加困难，容易产生误差，进而影响到裂尖位置的确定、裂纹速度的计算等。

尽管复合型焦散斑按照文献［28］和［102］，很容易获得裂纹尖端应力强度因子：K_{I} 和 K_{II}，但是，获得的结果是否可靠，如何验证？这一关键问题不解决，那么焦散线实验的结果分析将会变成数字游戏，缺乏可靠性。

动焦散爆破实验中复合型焦散斑测量存在两个问题：（1）裂纹尖端位置和裂纹方向；（2）畸变复合型焦散斑。图 2.16（a）中按照高速相机图片确定的裂纹扩展方向，与按照爆炸后裂纹路径确定的扩展方向差别很大，进而导致裂尖位置亦差别很大，最后计算出的裂纹速度误差很大。这是因为复合型焦散斑遮挡了裂纹偏转。分析复合型焦散斑形状，尽管 S 波和反射波作用下大部分裂尖为经典焦散斑（见图 2.16（b）），但是依然出现了畸变复合型焦散斑（见图 2.16（a））。因

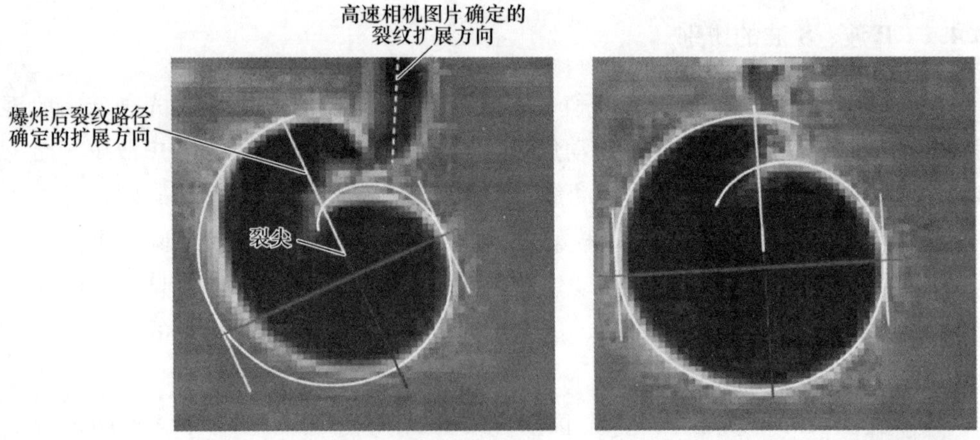

图 2.16　试件 21 中Ⅰ-Ⅱ复合型焦散斑

（a）828.24 μs 时畸变复合型焦散斑；（b）866.32 μs 时经典复合型焦散斑

彩图

此，经典的复合型焦散斑测量准则需要改进，本章对于试件 21 的 828.24 μs 时刻 K_{I} 和 K_{II} 采用了经典的测量准则，为近似值。改进的复合型焦散斑测量准则将在第 3 章详细推导。

通过以上复合型焦散斑测量的问题总结出：通过焦散线方法获得数据是非常容易的，只需要测量出直径，然后代入公式即可。但是，这样得到的数据并不一定可靠，甚至是错误的，尤其是爆破实验中的复合型裂纹。因此，为更准确地分析爆破中复合型裂纹扩展，需要综合考虑爆破后裂纹路径、裂尖位置、裂纹速度、焦散线形状，以及 K_{I} 和 K_{II}。

2.5 本 章 小 结

本章采用爆炸焦散线实验，分析了 20 mg 和 60 mg 叠氮化铅两种炸药量爆炸时，垂直入射 P 波和 S 波，以及反射波对运动裂纹的作用机理。根据裂尖焦散斑的形状，分析了以上 3 种应力波对裂尖应力场的影响。按不同的焦散斑形状，采用经典和改进的焦散斑测量准则，获得了裂尖位置、裂纹速度、K_{I} 和 K_{II}。最后，讨论了爆破实验中复合型焦散斑测量需注意的问题。得到如下结论：

（1）动焦散爆破实验中，根据条纹密度可辨别出周期性的 P 波和 S 波，且通过 P 波和 S 波到达裂纹的时间差、P 波和 S 波作用下裂尖 Ⅰ 型和 Ⅰ-Ⅱ 复合型焦散斑验证了 P 波和 S 波辨别的正确性。

（2）P 波和 S 波在裂纹尖端产生不同的应力场分布特征。P 波作用下，裂尖产生畸变焦散斑，原先的 K 场分布破坏。S 波作用下，裂尖仍产生经典的焦散斑，裂尖应力场保持 K 场分布特征。因此，P 波作用下畸变焦散斑需采用改进的焦散斑测量准则，而 S 波作用下经典焦散斑采用经典的焦散斑测量准则。

（3）P 波作用裂纹时，尽管拉伸项使裂纹重新扩展，但压缩项起主导作用，使裂纹扩展停滞。S 波作用裂纹时，裂纹出现暂时加速扩展，裂尖受到正负交替的剪切作用，不足以提供持续的裂纹扩展动力。

（4）垂直入射 P 波和 S 波作用下裂纹为直线扩展，然而反射波作用下裂纹出现周期性偏转。而且，裂尖 K_{I}、K_{II} 与裂纹速度和路径具有相关性：K_{I} 峰值对应裂纹速度波峰和“直线段”裂纹；而 K_{II} 峰值对应裂纹速度波谷和“偏转段”裂纹。

（5）动焦散爆破实验是一种非常方便的方法，优势是计算裂纹速度、K_{I} 和

K_{II}。但是，若忽视焦散斑的形状变化，仅仅采用经典的焦散斑测量准则，会产生很大误差，甚至错误数据。本章强调分析爆破实验中的焦散斑，需综合考虑爆破后裂纹路径、裂尖位置、裂纹速度、焦散线形状、K_{I} 和 K_{II}。否则，焦散线实验结果的分析将会变成一个数字游戏，没有科学意义。

3 斜入射爆炸应力波对裂纹的作用机理

3.1 概　　述

第 2 章提到了爆破实验中的复合型裂纹，仍是按照经典的焦散线理论测量裂尖位置、K_{I} 和 K_{II}。但遇到畸变复合型焦散斑时，经典的焦散线理论不再适用。上一章最后的讨论，是一个“抛砖引玉”，抛出了问题：如何测量爆炸应力波作用下复合型裂纹尖端应力场?

该问题与实际爆破工程紧密联系。由于爆炸裂纹扩展路径的随机性和多孔爆破应力波传播的透/反射，爆炸应力波常以倾斜角度作用于裂纹尖端，进而产生复合型断裂模式。因此，实际爆破工程中，复合型裂纹问题比 Ⅰ 型裂纹更为普遍，研究爆破中复合型裂纹具有重要的现实意义。

斜入射应力波作用产生的复合型裂纹是断裂力学领域重要的问题[86]，为此，前人开展了一系列理论分析。基于应力叠加原理，Freund[65]、Achenbach[66] 和 Ma[67] 等人求解了斜入射应力波作用下裂尖 Ⅰ 型和 Ⅱ 型应力强度因子的理论解。三者对斜入射应力波作用后裂纹路径的假设不同。Freund[65] 假设裂纹仍维持直线扩展，而 Achenbach[66] 和 Ma[67] 等人假设裂纹发生偏转，更符合实际情况。考虑到爆炸应力波的复杂性，以上理论解并不能直接应用于实际爆破情况。但是，前人的理论工作提供了一个重要的信息：当斜入射应力波刚作用于裂尖时，可采用瞬时应力叠加原理分析裂尖受力。

由于理论分析的困难，室内爆破实验成为一种不可缺少的研究手段，可用来测试爆炸压力峰值[103]、观察应力波波阵面[104]，以及分析爆炸裂纹扩展[105] 等。动光弹和动焦散爆破光测实验能将应力波和裂纹可视化，为研究“波-纹”关系提供了便捷。动光弹实验中，爆炸应力波作用下裂纹尖端等差线条纹密集，数据分析困难。动焦散实验中，爆炸应力波作用下裂纹尖端焦散斑图像简单，便于分析。但是，畸变焦散斑不能采用经典的焦散线理论来解释。因此，笔者在博士论文中，提出了 Ⅰ 型畸变焦散斑测量准则，更精确地测量了爆炸 P 波作用下裂尖应力强度因子[92]。然而，对于爆破中 Ⅰ-Ⅱ 复合型畸变焦散斑，目前仍缺乏适用的测量准则。

本章开展了斜入射爆炸应力波与裂纹作用的动焦散实验，爆炸应力波包含 P 波、S 波和反射波。裂纹尖端产生的Ⅰ-Ⅱ复合型畸变焦散斑与经典焦散线理论解进行了对比，发现两者不相符。为此，提出了复合型畸变焦散斑测量准则，并通过 P 波压缩和拉伸项作用结果得到了验证。最后，分析了改进后测量准则成功应用背后的原因，即爆炸应力波作用后裂尖应力场先瞬时叠加，后延迟一段时间重新分布。

3.2 斜入射爆炸应力波与裂纹作用实验

3.2.1 实验试件

实验试件平面尺寸为 320 mm×192 mm，厚度为 5 mm，如图 3.1（a）所示。考虑爆破实验的不确定性，准备了 20 块试件进行实验。在试件上边界中部切割预制裂纹，长度为 60 mm，宽度为 0.5 mm。在预制裂纹尖端用刀片锐化，使其尽可能接近真实裂纹。为实现斜入射爆炸应力波与裂纹作用，在预制裂纹的右下方钻一个直径 3 mm 的炮孔，炮孔斜后方为一个 50 mm×10 mm 的空矩形，用来吸引爆炸产生的裂纹，防止其干扰预制裂纹处产生的运动裂纹。高速相机拍摄视场位于预制裂纹下方，视场范围为 52.02 mm×75.87 mm，对应像素场：192 pixel×280 pixel，每一像素代表距离约 270.9 μm。

图 3.1（b）为落锤冲击和装药细节示意图。先通过重物下落冲击预制裂纹，产生动态扩展裂纹；待运动裂纹进入稳态扩展，再起爆炸药，实现斜入射爆炸应力波与运动裂纹作用。下落重物质量为 0.88 kg，下落高度为 395 mm。重物下落先碰撞到自制的夹具，夹具下方为嵌在预制裂纹尖端的刀片，最终刀片驱动下产生运动裂纹。为了方便体现应力波的作用，待裂纹稳态扩展后，再起爆炸药。炸药量为 20 mg 叠氮化铅（PbN_6），采用 2 块钢板夹住炮孔。一方面是考虑安全，另一方面是约束状态下能充分利用爆炸能量。炸药由细铜丝产生的电火花引爆，细铜丝一端插入炸药中，另一端连接高压起爆器。

3.2.2 实验系统

实验系统如图 3.2 所示，主要包含三部分：动焦散线光路、落锤冲击和延迟起爆。实验具体过程为：

（1）落锤冲击。落锤冲击预制裂纹中的刀片，产生动态扩展裂纹。

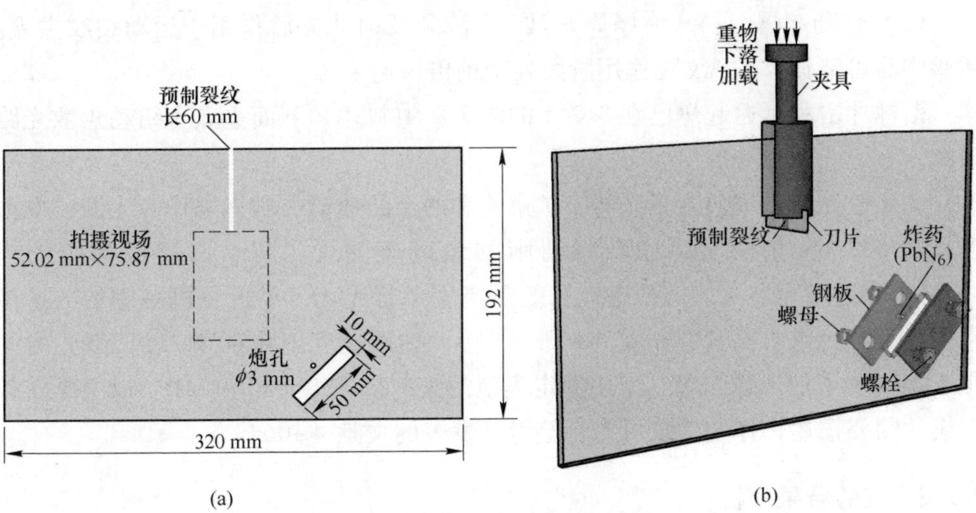

图 3.1 试件和加载示意图

（a）试件尺寸；（b）落锤冲击和装药细节

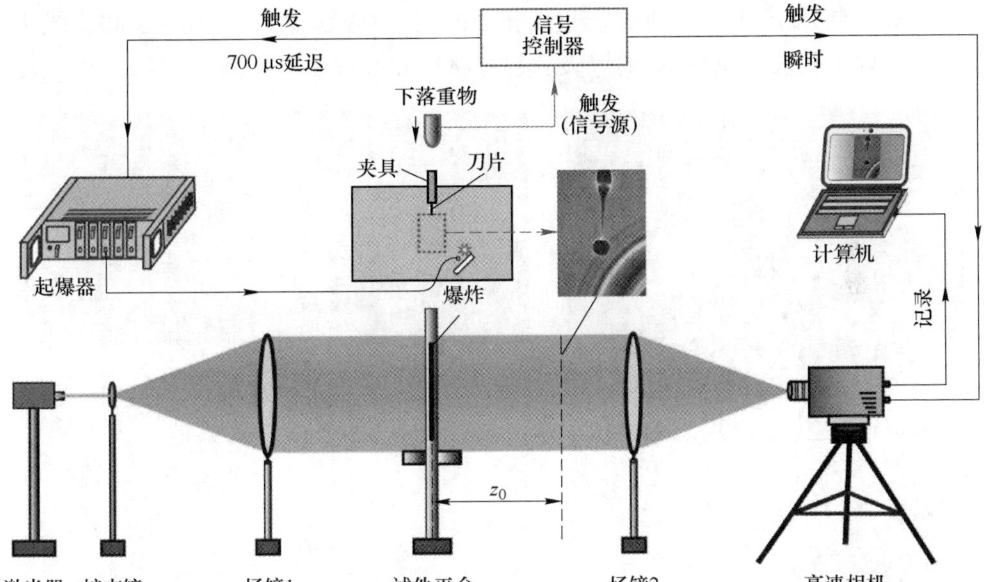

图 3.2 实验系统

彩图

（2）信号触发。落锤撞击刀片的瞬间，触发信号控制器开始工作。该控制器同步触发高速相机，但延迟触发起爆器。延迟时间是通过试爆确定，采用700 μs，是为了让裂纹达到稳定扩展状态后再受应力波作用。

(3) 炸药起爆。斜入射爆炸 P 波、S 波和反射波先后作用于运动裂纹尖端。实验中尽可能让“波-纹”作用阶段处于拍摄视场中心。

落锤冲击和延迟起爆已在 3.2.2 的图 3.2 中叙述，下面重点介绍动焦散光路系统。

动焦散光路系统包含激光器、扩束镜和两个凸透镜。激光器作为光源，发射波长为 532 nm 的绿光，能获得清晰的焦散斑图像。两个凸透镜焦距约为 86 cm，靠近激光器一侧的凸透镜目的是产生平行光场，靠近相机一侧的凸透镜目的是汇聚光束。高速相机是 Fastcam-SA5，拍摄速度 100000 帧/秒，曝光时间是 1 μs。为了使成像清晰，采用固定焦距镜头 Nikon 50 mm f/1.4D。以上是实验系统的简要描述，详细信息可参考笔者已发表的文献 [106]。

3.2.3　实验结果分析

3.2.3.1　爆炸后裂纹路径及裂纹面

实验共测试了 20 块试件，产生了相似的裂纹路径，均包含直线段和曲线段。图 3.3 选取了代表性试件 16 的爆破后裂纹路径和裂纹面。从图 3.3 (a) 中发现，

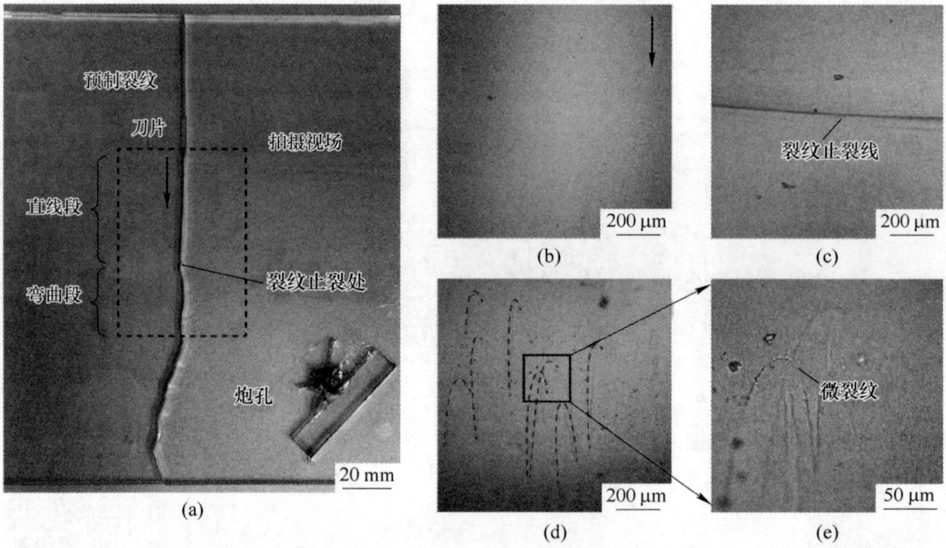

图 3.3　爆炸后裂纹路径及裂纹面观察

(a) 试件 16 爆破后裂纹路径；(b)~(e) 裂纹面光学显微图

[(b) 对应直线段裂纹，(c) 对应斜入射爆炸应力波刚到达裂尖，(d) 对应曲线段裂纹，(e) 抛物线型痕迹的放大图((a)(b) 中的实心箭头代表裂纹扩展方向)]

彩图

爆炸前裂纹在落锤冲击作用下为直线扩展，而爆炸应力波作用后为曲线扩展，两种裂纹路径存在明显的分界点。从细观角度分析裂纹扩展，采用光学显微镜观察了裂纹面特征。在爆炸应力波作用前，直线段裂纹面光滑平整，意味着裂纹处于稳态扩展，如图3.3（b）所示。随后，裂纹面出现了一条“止裂线”，说明斜入射爆炸应力波到达裂纹尖端，造成了裂纹暂时止裂，如图3.3（c）所示。超过“止裂线”后，裂纹面变得弯曲，出现了抛物线型痕迹，说明裂纹速度增加，处于非稳态扩展。通过裂纹路径和裂纹面细观特征对比，总结得出：稳态扩展的裂纹受斜入射爆炸应力波作用后，先暂时止裂，后加速扩展，进入非稳态扩展状态。

3.2.3.2 爆炸焦散线图像

图3.4为高速相机拍摄的爆炸焦散线图像（试件16）。按时间先后，分成了3个作用阶段：斜入射爆炸应力波对裂纹作用前、作用时、作用后。

图3.4（a）中，斜入射爆炸应力波作用前，裂纹尖端为经典的Ⅰ型焦散斑。焦散斑尺寸随裂纹扩展变化较小，意味着裂纹尖端应力强度因子变化较小，处于稳态扩展状态。

图3.4（b）中，斜入射爆炸P波和S波先后作用于裂纹，裂尖Ⅰ型焦散斑变为Ⅰ-Ⅱ复合型焦散斑。根据条纹稀疏和波速关系，可分辨出P波和S波，且在P波中也可分辨出压缩项和拉伸项。首先进入视场的是P波压缩项，为亮条纹，紧随其后的拉伸项为暗条纹。压缩项起到了凸透镜效应，汇聚光线形成亮条纹；而拉伸项起到了凹透镜效应，发散光线形成暗条纹。由于裂纹面的存在，斜入射P波发生反射，形成反射P波（PP）和反射S波（PS），可通过反射波传播角度辨别PP波和PS波。

图3.4（c）中，斜入射爆炸P波和S波作用后，裂尖虽然仍是Ⅰ-Ⅱ复合型焦散斑，但逐渐趋于Ⅰ型。由于裂纹面的存在，斜入射爆炸S波产生反射波（SS）。试件边界处也产生反射波，与裂纹扩展方向斜交，因此裂尖产生Ⅰ-Ⅱ复合型裂纹。由于反射波能量衰减，裂尖的Ⅰ-Ⅱ复合型焦散斑逐渐趋于Ⅰ型。

3.2.3.3 实验重复性

考虑爆炸实验的不确定性，共开展了20次爆炸实验。其中，成功了10次，

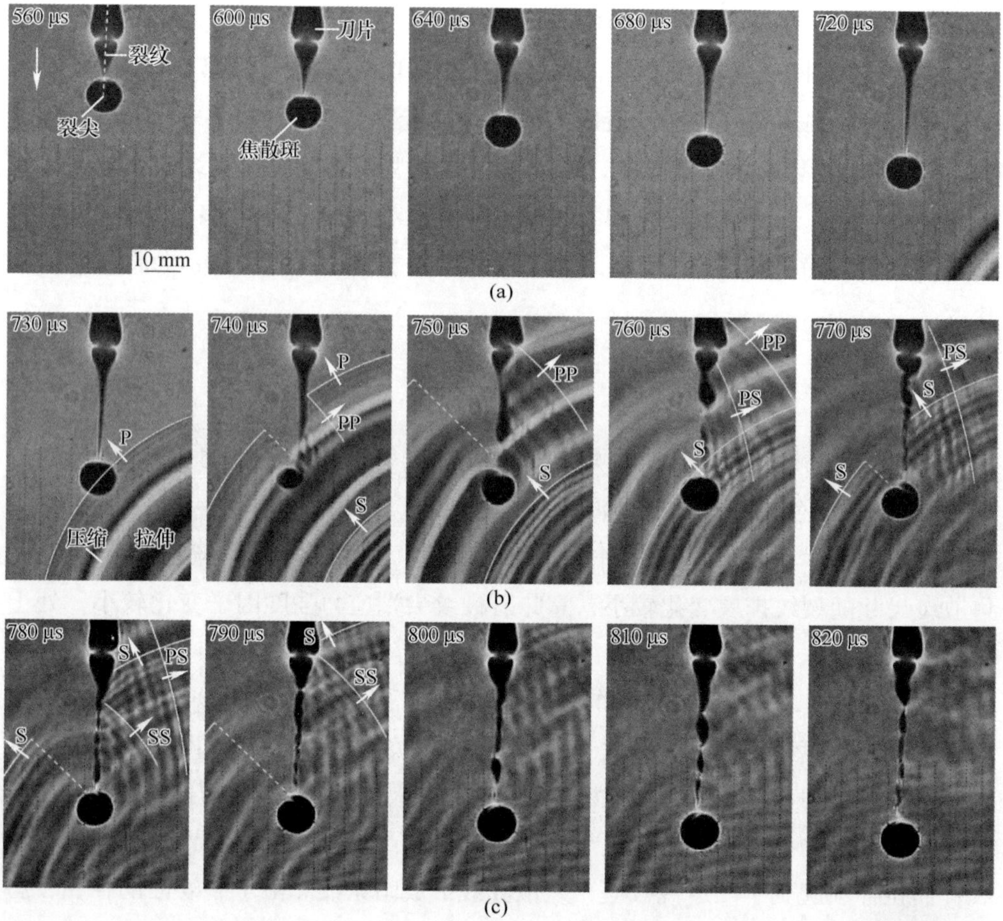

图 3.4　高速相机拍摄的爆炸焦散线图像（试件 16）

（a）斜入射爆炸应力波作用前；（b）作用时；（c）作用后

（虚线代表裂纹对应力波传播的阻挡）

彩图

不成功的原因主要有：炸药未起爆；延迟控制器触发时间不准。图 3.5 展示了试件 5 和试件 10 的爆炸实验结果，与试件 16 具有一致性。斜入射爆炸 P 波和 S 波，以及反射波 PP 波和 PS 波均能辨别。斜入射爆炸 P 波和 S 波作用于裂纹尖端时，均产生Ⅰ-Ⅱ复合型焦散斑。而且，P 波压缩和拉伸项作用下，复合型焦散斑的形状不同。

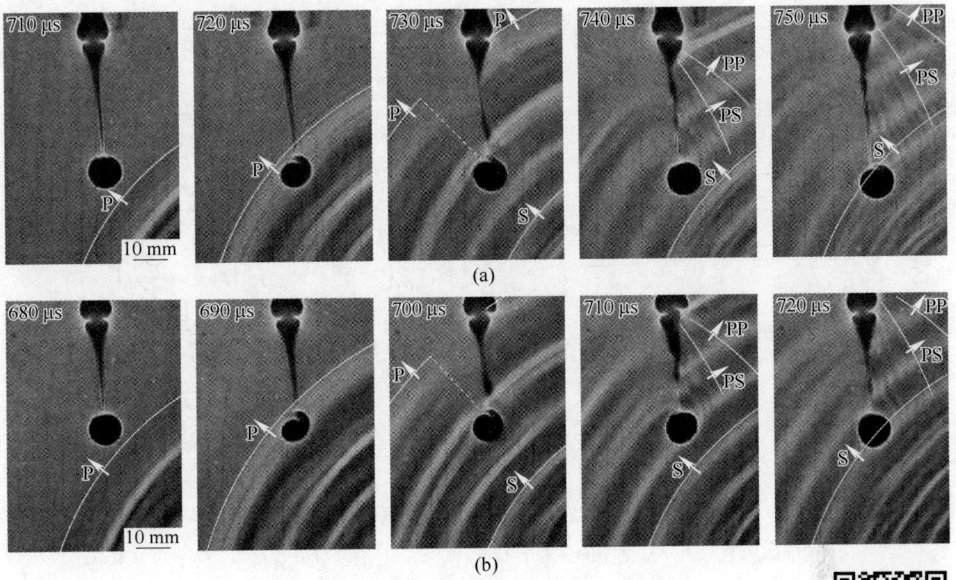

图 3.5　重复性爆炸实验

（a）试件 5 的爆炸焦散线图像；（b）试件 10 的爆炸焦散线图像

彩图

3.3　经典复合型焦散斑测量准则存在的问题

对于以上爆炸实验中出现的复合型焦散斑，经典的复合型焦散斑测量准则不一定适用，将会产生测量误差。本节先简要叙述经典的复合型焦散斑测量准则，然后将实验结果与理论结果对比，找出经典测量准则存在的问题。

经典复合型焦散斑测量准则是建立在裂尖 K 场主导的假设基础上，由 Theocaris 和 Gdoutos[102] 首先提出，后续应用于动态复合型裂纹扩展问题中，如 Kalthoff[28] 和 Yao[31] 等人的研究工作。复合型焦散斑测量准则的核心，是建立焦散斑形状与 $K_{\mathrm{II}}/K_{\mathrm{I}}$ 的对应关系，如图 3.6 所示。首先分析焦散斑尺寸，D_{Lmax}、D_{Lmin} 和 D_{T} 分别为复合型焦散斑最大纵向直径、最小纵向直径和最大横向直径。r_0 是焦散斑的初始曲线半径，将焦散斑直径与 r_0 相比，得到无量纲值，并建立该比值与 $K_{\mathrm{II}}/K_{\mathrm{I}}$ 的对应关系，如图 3.6（a）所示。当 $K_{\mathrm{II}}/K_{\mathrm{I}}$ 为 0 时，D_{Lmax}/r_0、D_{Lmin}/r_0 和 D_{T}/r_0 分别为 3、3 和 3.1702，这是经典 Ⅰ 型焦散斑的情况。在测出焦散斑尺寸基础上，可将多个尺寸相比，得到表征焦散斑形状的参数。一般该参数选用 $(D_{\mathrm{Lmax}}-D_{\mathrm{Lmin}})/D_{\mathrm{Lmax}}$，该参数与 $K_{\mathrm{II}}/K_{\mathrm{I}}$ 的对应关系，如图 3.6（b）所示。最终，只要测出实验中焦散斑的 $(D_{\mathrm{Lmax}}-D_{\mathrm{Lmin}})/D_{\mathrm{Lmax}}$，便可得到相应的 $K_{\mathrm{II}}/K_{\mathrm{I}}$ 比

例。此时，K_{II} 和 K_{I} 的值仅取决于复合型焦散斑的尺寸。以上便是经典的复合型焦散斑测量准则。

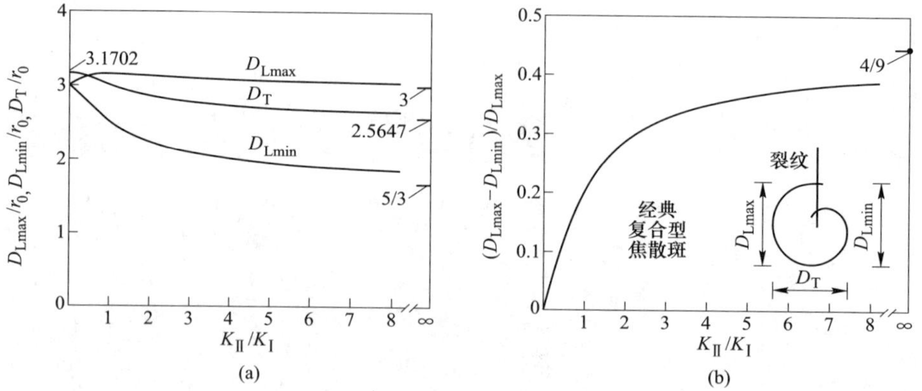

图 3.6 经典复合型焦散斑测量准则

（a）焦散斑直径与 $K_{\mathrm{II}}/K_{\mathrm{I}}$ 的关系；（b）$(D_{\mathrm{Lmax}}-D_{\mathrm{Lmin}})/D_{\mathrm{Lmax}}$ 与 $K_{\mathrm{II}}/K_{\mathrm{I}}$ 的关系

然而，爆炸应力波作用下裂尖应力场不一定为 K 场主导，因此经典的复合型焦散斑测量准则不一定适用于爆炸实验。为了检验经典测量准则的可行性，将经典的焦散斑图像与实验结果对比，如图 3.7 所示。爆炸应力波作用前和作用后，

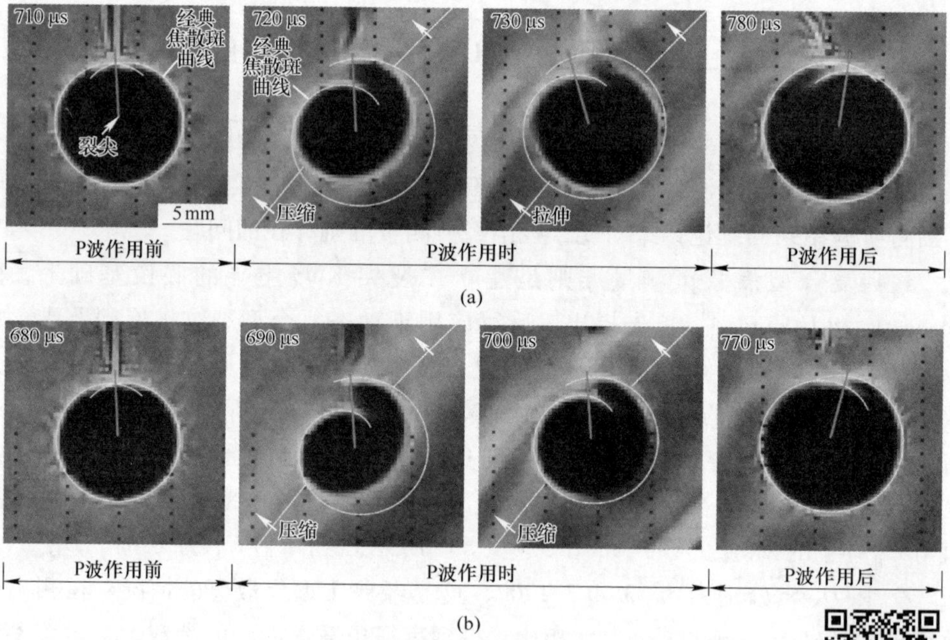

图 3.7 实验结果与经典焦散斑图像对比

（a）试件 5；（b）试件 10

彩图

经典的焦散斑图像与实验结果相吻合，但在爆炸 P 波作用下，无论是压缩项、拉伸项作用，裂尖复合型焦散斑发生畸变，与经典焦散斑图像不符。因此，对爆炸应力波作用下产生的畸变复合型焦散斑，须建立新的测量准则。

3.4 改进的畸变复合型焦散斑测量准则推导

焦散线实验的本质，是将裂纹尖端应力问题转化为光学图像问题。焦散线方法的原理是裂纹尖端光线的偏转，是以几何光学为基础。改进的复合型焦散斑测量准则考虑了两种光线偏转：裂纹造成的光线偏转；P 波造成的光线偏转。综合考虑两方面因素对最终焦散斑形状的影响，建立焦散斑形状与 $K_{\mathrm{II}}/K_{\mathrm{I}}$ 的对应关系。

3.4.1 复合型裂纹产生的光线偏转

根据焦散线原理，当一束平行光垂直照射到透明平板上，平板上裂纹尖端的高应力梯度改变了裂尖局部区域的折射率，使得光线偏转，在试件后方成像平面上汇聚形成亮线，称为焦散线。在亮线中间因没有光线，形成暗区，称为焦散斑。为建立光线的映射方程，定义两个平面：试件平面和成像平面。试件平面为 x_1oy_1，坐标原点为裂纹尖端，x_1为裂纹扩展方向。成像平面为 $x'o'y'$，由试件平面沿光照方向平移 z_0得到。试件平面上的点 $P(x_1, y_1)$ 对应成像平面上的 $P'(x', y')$。对于一条扩展速度为 v 的复合型裂纹，裂尖的映射方程见式（2.1），且有式（2.2）和式（2.3）[94]。式（2.1）考虑了速度影响，然而实验中裂纹扩展速度 $v<0.2C_{\mathrm{P}}$，速度影响可忽略。当裂纹速度为零，即静止的复合型裂纹，式（2.1）变为 Theocaris 和 Gdoutos 研究的情况[102]。

3.4.2 爆炸 P 波产生的光线偏转

除了复合型裂纹，爆炸 P 波亦具有高应力梯度，可以产生光线偏转，进而形成明暗相间的条纹。P 波压缩项产生凸透镜效应，汇聚光线形成亮条纹；而 P 波拉伸项产生凹透镜效应，发散光线形成暗条纹。基于这些客观事实，建立光线传播模型，如图 3.8 所示。

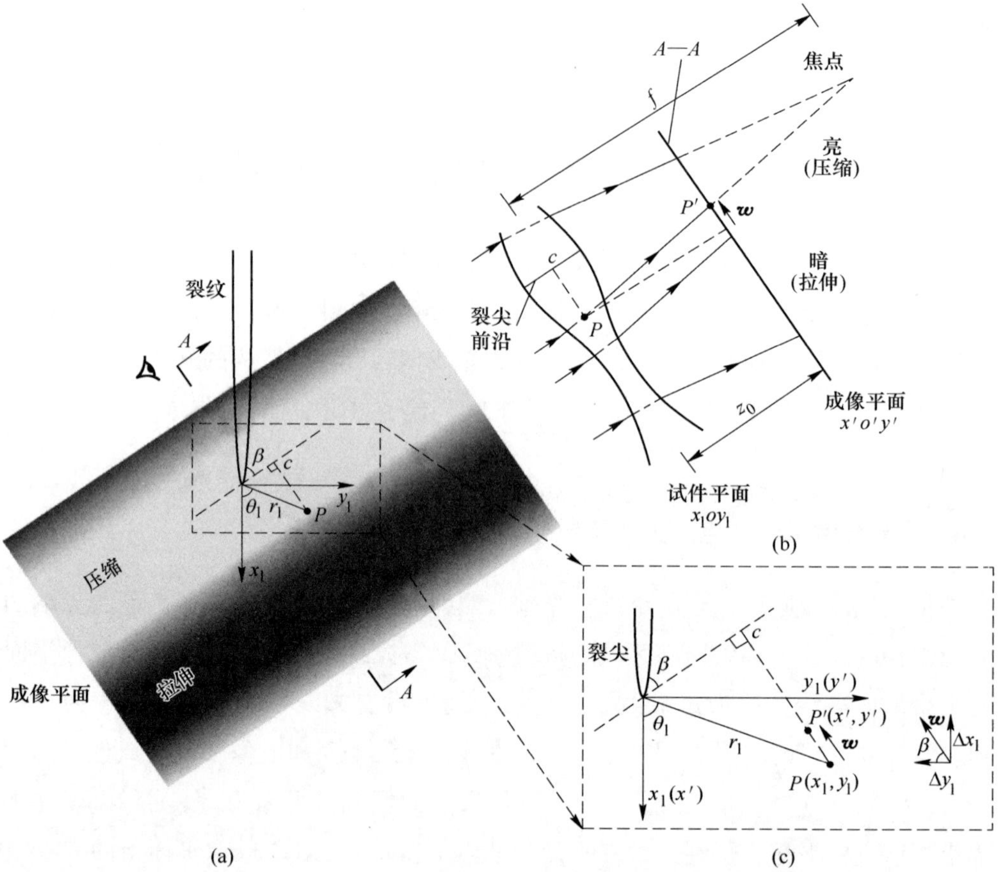

图 3.8　爆炸 P 波产生的光线偏转矢量对应的几何模型

（a）明暗相间条纹与裂纹；（b）试件平面和成像平面之间的光线传播；

（c）光线偏转矢量及其在 x_1 轴和 y_1 轴的分量

（β 为 P 波波前与裂纹面之间的夹角，表征 P 波倾斜入射角度）

为定量分析 P 波产生的光线偏转，在试件平面裂尖局部区域取任意一点 $P(x_1, y_1)$，P 点与 P 波波前的距离记为 l_{cp}，可通过以下公式计算：

$$l_{cp} = (y_1 + x_1\tan\beta)\cos\beta = r_1\sin(\theta_1 + \beta) \tag{3.1}$$

然后，根据图 3.8（b）中光线传播图，光线偏转矢量可表示为：

$$|\boldsymbol{w}| = \frac{z_0}{f}l_{cp} = \frac{z_0}{f}r_1\sin(\theta_1 + \beta) \tag{3.2}$$

接着，根据图 3.8（c）光线偏转矢量分解，x_1 和 y_1 轴上光线偏转矢量的分量为：

$$
\begin{aligned}
\Delta x_1 &= |\boldsymbol{w}|\sin\beta = \frac{z_0}{f}r_1\sin(\theta_1+\beta)\sin\beta \\
\Delta y_1 &= |\boldsymbol{w}|\cos\beta = \frac{z_0}{f}r_1\sin(\theta_1+\beta)\cos\beta
\end{aligned}
\tag{3.3}
$$

式（3.3）中，当 z_0/f 等于 0 时，光线偏转矢量在 x_1 和 y_1 轴的分量均为 0，意味着无 P 波作用。当 z_0/f 不等于 0 时，为区分 P 波压缩和拉伸项，公式中规定 z_0/f 大于 0 时对应 P 波拉伸项作用，z_0/f 小于 0 时对应 P 波压缩项作用。这样的规定是基于客观事实：P 波压缩项对应于凸透镜效应，光线向内偏转，因此 z_0/f 大于 0；而 P 波拉伸项对应于凹透镜效应，光线向外偏转，因此 z_0/f 小于 0。

3.4.3 光线偏转矢量叠加

建立的模型假设：复合型裂纹和爆炸 P 波产生的光线偏转矢量相互叠加，最终形成了裂尖畸变复合型焦散斑。先按照该假设求出理论解，与实验结果对比。若相互吻合，则证明假设是可行的；若不相符，则证明假设不可行，需重新建立模型。后续研究是按照以上思路进行。

复合型裂纹和爆炸 P 波产生的光线偏转矢量相互叠加，得到：

$$
\left.
\begin{aligned}
x' &= r_1\left(\cos\theta_1 + \frac{z_0}{f}\sin(\theta_1+\beta)\sin\beta\right) + Cr_1^{-3/2}\cos\left(\frac{3}{2}\theta_1+\omega\right) \\
y' &= r_1\left(\frac{\sin\theta_1}{\alpha_1} + \frac{z_0}{f}\sin(\theta_1+\beta)\cos\beta\right) + \alpha_1 Cr_1^{-3/2}\sin\left(\frac{3}{2}\theta_1+\omega\right)
\end{aligned}
\right\}
\tag{3.4}
$$

式（3.4）表示试件平面裂尖局部区域取任意一点 $P(x_1, y_1)$ 到成像平面上 $P'(x', y')$ 的映射关系。为了得到畸变复合型焦散斑理论解，式（3.4）对应的雅克比行列式需要等于 0：

$$
\left|\frac{\partial(x',y')}{\partial(r_1,\theta_1)}\right| = \begin{vmatrix} \dfrac{\partial x'}{\partial r_1} & \dfrac{\partial x'}{\partial \theta_1} \\ \dfrac{\partial y'}{\partial r_1} & \dfrac{\partial y'}{\partial \theta_1} \end{vmatrix} = 0
\tag{3.5}
$$

求解得到：

$$\frac{9}{4}\alpha_1 C^2 r^{-5} - \frac{3}{2} C r^{-5/2} A - B = 0 \tag{3.6}$$

其中

$$A = \left(\alpha_1 - \frac{1}{\alpha_1}\right)\cos\left(\frac{5}{2}\theta + \omega\right) + \frac{z_0}{f}\left[\alpha_1 \sin\beta \sin\left(\frac{5}{2}\theta + \omega + \beta\right) - \cos\beta\cos\left(\frac{5}{2}\theta + \omega + \beta\right)\right] \tag{3.7}$$

$$B = \frac{1}{\alpha_1} + \frac{z_0}{f}\left(\cos^2\beta + \frac{\sin^2\beta}{\alpha_1}\right) \tag{3.8}$$

求解式（3.6）得到：

$$r_0 = \left(\frac{3}{2}C\frac{\sqrt{A^2 + 4\alpha_1 B} - A}{2B}\right)^{2/5} \tag{3.9}$$

式中，r_0 为试件平面上的初始曲线，对应成像平面上的焦散线。

将式（3.9）代入式（3.4）中，可得到畸变复合型焦散线方程：

$$\left.\begin{aligned} x' &= \left(\frac{3}{2}C\frac{\sqrt{A^2 + 4\alpha_1 B} - A}{2B}\right)^{2/5} \cdot \\ &\left[\cos\theta_1 + \frac{z_0}{f}\sin(\theta + \beta)\sin\beta + \frac{4B}{3\left(\sqrt{A^2 + 4\alpha_1 B} - A\right)}\cos\left(\frac{3}{2}\theta_1 + \omega\right)\right] \\ y' &= \left(\frac{3}{2}C\frac{\sqrt{A^2 + 4\alpha_1 B} - A}{2B}\right)^{2/5} \cdot \\ &\left[\frac{\sin\theta_1}{\alpha_1} + \frac{z_0}{f}\sin(\theta + \beta)\cos\beta + \frac{4\alpha_1 B}{3\left(\sqrt{A^2 + 4\alpha_1 B} - A\right)}\sin\left(\frac{3}{2}\theta_1 + \omega\right)\right] \end{aligned}\right\} \tag{3.10}$$

为了验证公式推导结果的可行性，绘出了畸变复合型焦散斑理论解，如图 3.9 所示。绘图中采用的参数分别是：裂纹速度分别为 0 m/s、400 m/s 和 800 m/s；z_0/f 分别是−0.25、0 和 0.25；β 选用 45°；$K_{\mathrm{II}}/K_{\mathrm{I}}$ 分别为−1、−2 和 −3；$\sqrt{K_{\mathrm{I}}^2 + K_{\mathrm{II}}^2}$ 为 1 MPa · $\mathrm{m}^{\frac{1}{2}}$。从图 3.9 中发现，z_0/f 和 $K_{\mathrm{II}}/K_{\mathrm{I}}$ 共同影响焦散斑形状，而裂纹速度主要影响焦散斑尺寸。这一发现同样适用于初始曲线。特别地，当 z_0/f 等于 0 时，绘出的图像为经典焦散斑图像。

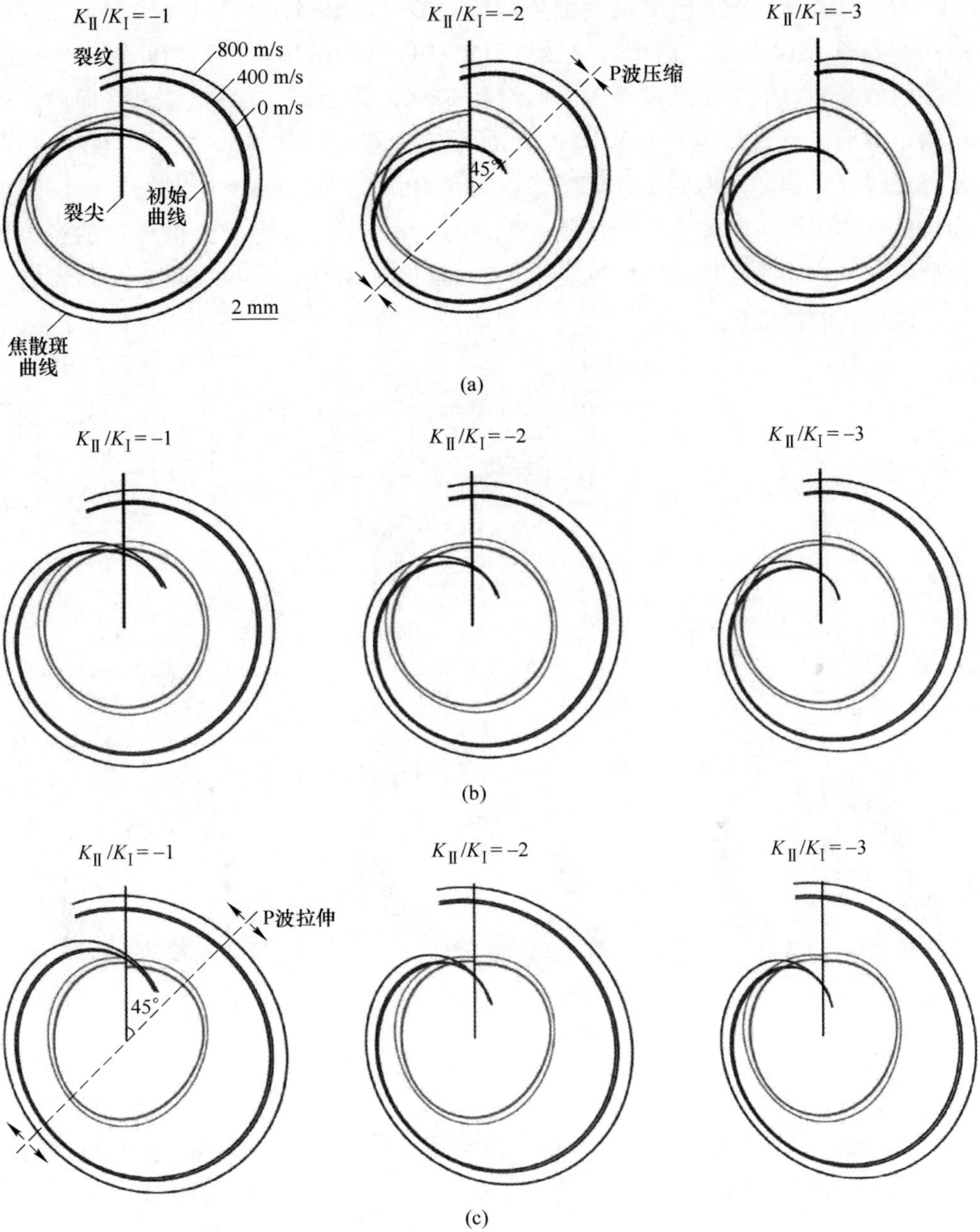

图 3.9 畸变复合型焦散斑理论曲线及其初始曲线

（a）P 波压缩项作用，$z_0/f=-0.25$；（b）无 P 波作用，$z_0/f=0$；（c）P 波拉伸项作用，$z_0/f=0.25$

（$z_0/f=0$ 意味着无 P 波作用；$z_0/f>0$ 和 $z_0/f<0$ 分别对应 P 波拉伸和压缩项作用。

图中 P 波斜入射角度 β 为 45°）

为了更直观地观察畸变复合型焦散斑的形成，根据式（3.4）绘制了光线映射图，如图 3.10 所示。由于裂纹速度对焦散斑形状影响较小，因此仅考虑速度为零的情况。每一个焦散斑映射图像包含 40×40 条光线，在穿过试件平面前光线均为正方形棋盘分布，如图 3.10（a）所示。光线穿过试件平面后，裂纹的存在使得光线发生偏转，形成焦散斑图像。图 3.10（b）和（d）分别为 P 波压缩项和拉伸项作用产生的畸变复合型焦散斑，而图 3.10（c）为无 P 波作用的经典复合型焦散斑。光线在焦散线位置集中，形成亮线；而中间区域光线较少，形成暗区，即黑色的焦散斑。

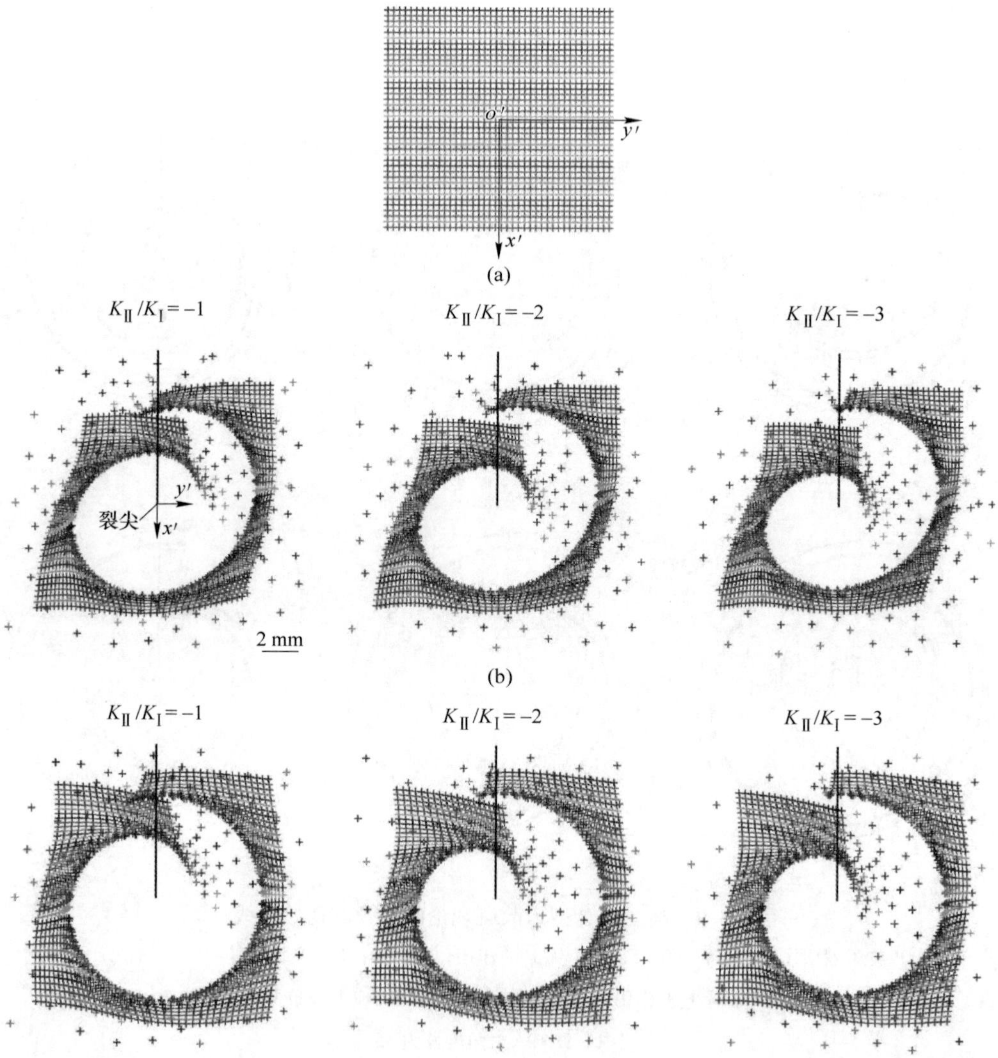

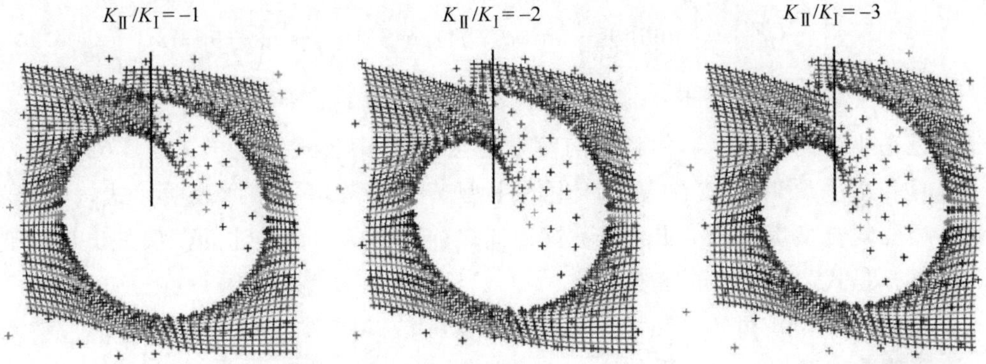

(d)

图 3.10 畸变复合型焦散斑的光线映射图

（a）成像平面 40 点×40 点（未照射裂纹时的光线分布）；（b）$z_0/f=-0.25$（P 波压缩项作用）；（c）$z_0/f=0$（无 P 波作用）；（d）$z_0/f=0.25$（P 波拉伸项作用）（P 波斜入射角度 β 为 45°）

彩图

3.4.4 光线映射方程的简化

从图 3.9 中发现，裂纹速度低于 400 m/s 时，其对焦散斑形状的影响可忽略。本实验中裂纹速度低于 400 m/s，因此可将式（3.7）~式（3.9）中的速度等于零，即 $a_1=0$。简化后式（3.7）~式（3.9）的公式为：

$$A=-\frac{z_0}{f}\cos\left(\frac{5}{2}\theta+2\beta+\omega\right) \tag{3.11}$$

$$B=1+\frac{z_0}{f} \tag{3.12}$$

$$r_0=\left(\frac{3}{2}CF'\right)^{2/5} \tag{3.13}$$

$$F'=\frac{\frac{z_0}{f}\cos\left(\frac{5}{2}\theta+2\beta+\omega\right)+\sqrt{\left[\frac{z_0}{f}\cos\left(\frac{5}{2}\theta+2\beta+\omega\right)\right]^2+4\left(1+\frac{z_0}{f}\right)}}{2\left(1+\frac{z_0}{f}\right)} \tag{3.14}$$

最终，简化的畸变复合型焦散斑方程为：

$$x'=\left(\frac{3}{2}CF'\right)^{2/5}\left[\cos\theta_1+\frac{z_0}{f}\sin(\theta+\beta)\sin\beta+\frac{2}{3F'}\cos\left(\frac{3}{2}\theta_1+\omega\right)\right]$$

$$y' = \left(\frac{3}{2}CF'\right)^{2/5}\left[\sin\theta_1 + \frac{z_0}{f}\sin(\theta + \beta)\cos\beta + \frac{2}{3F'}\sin\left(\frac{3}{2}\theta_1 + \omega\right)\right] \quad (3.15)$$

式（3.15）中 β 等于0°或90°时，即P波的波阵面平行或垂直于裂纹面，该公式进一步精简形式，与作者之前发表的文章[62]中公式一致。文献［62］分析了垂直和水平反射P波在裂尖产生的Ⅰ型畸变焦散斑。据此表明：式（3.15）代表畸变复合型焦散斑，更具普适性，而之前发表的文章关注的仅仅是Ⅰ型畸变焦散斑，是式（3.15）的特殊情况。

从式（3.15）可知，焦散斑形状由3个参数共同影响：β、ω 和 z_0/f。其中，β 是P波波阵面与裂纹面的夹角，可由高速相机照片测得。因此，仅剩 ω 和 z_0/f 为未知量。为确定 ω 和 z_0/f 值，须建立两者与焦散斑形状之间的联系，进而通过实验获得的焦散斑反过来得到 ω 和 z_0/f 值。焦散斑形状可由其直径之比来定量表示：$(D_{\text{Lmax}}-D_{\text{Lmin}})/D_{\text{Lmax}}$、$D_{\text{Lmax}}/D_{\text{Lmin}}$、$D_{\text{T}}/D_{\text{Lmin}}$。要得到这些直径之比，需先求得畸变焦散斑的直径：

$$D_{\text{T}} = \left|y'\right|_{\frac{\partial y'}{\partial \theta_1}=0,\ \theta_1<0}\Big| + \Big|y'\Big|_{\frac{\partial y'}{\partial \theta_1}=0,\ \theta_1>0}\Big| \quad (3.16)$$

$$D_{\text{Lmax}}(D_{\text{Lmin}}) = x'\Big|_{y'=0,\ x'>0} + \Big|x'\Big|_{y'=0,\ x'<0}\Big| \quad (3.17)$$

式（3.17）中，因复合型焦散斑与 x' 负轴有两个交点，绝对值大者对应 D_{Lmax}，绝对值小者对应 D_{Lmin}。

至此，畸变复合型焦散斑直径已求出，其直径之比也可求出，用于定量表征焦散斑形状。畸变复合型焦散斑和经典复合型焦散斑，两者的形状差别多大？为此，绘出了 $(D_{\text{Lmax}}-D_{\text{Lmin}})/D_{\text{Lmax}}$ 和 $K_{\text{II}}/K_{\text{I}}$ 的关系曲线，z_0/f 分别取−0.3、−0.15、0、0.15和0.3，如图3.11所示。其中，$z_0/f=0$ 为经典复合型焦散斑情况，曲线在 $K_{\text{II}}/K_{\text{I}}$ 的正负轴对称，因此经典复合型焦散斑测量准则采用其中一半（见图3.6（b））。相反地，$z_0/f>0$ 或 $z_0/f<0$ 为畸变复合型焦散斑情况，曲线非对称，正是畸变造成的。

3.4.5 迭代算法求解 ω 和 z_0/f

为了求出 ω 和 z_0/f，根据求出的焦散斑直径，绘出了 $D_{\text{Lmax}}/D_{\text{Lmin}}$ 与 ω 关系曲线、$D_{\text{T}}/D_{\text{Lmin}}$ 与 z_0/f 关系曲线，如图3.12所示。$D_{\text{Lmax}}/D_{\text{Lmin}}$ 与 ω 曲线用来求出 ω 值，但是由于 z_0/f 未知，仅可得到 ω 的范围。同样地，$D_{\text{T}}/D_{\text{Lmin}}$ 与 z_0/f 曲线用来求出 z_0/f 值，但是由于 ω 未知，仅可得到 z_0/f 的范围。因此，ω 和 z_0/f 不能单独获得，两者的求解需要互相配合，需借助迭代算法，尽可能缩小 ω 和 z_0/f 的范围。

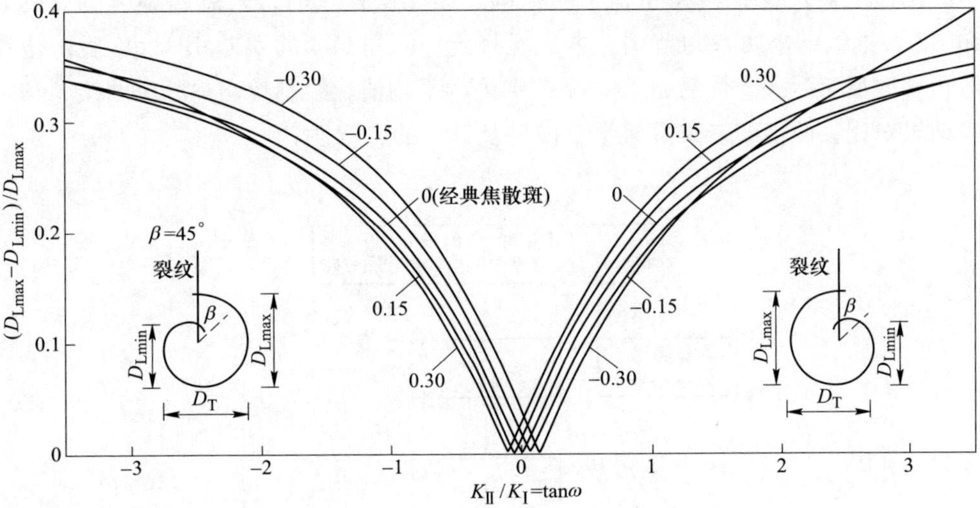

图 3.11　$(D_{Lmax}-D_{Lmin})/D_{Lmax}$ 和 K_{II}/K_{I} 的关系曲线

（z_0/f 分别取−0.3、−0.15、0、0.15 和 0.3）

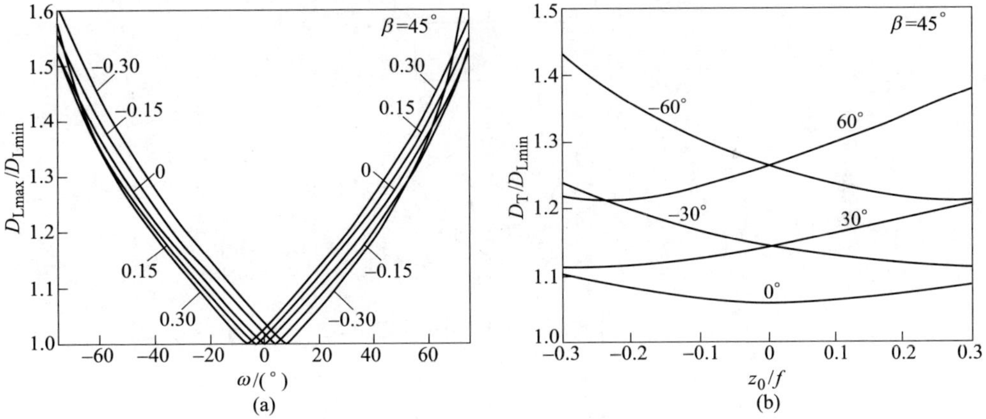

图 3.12　畸变复合型焦散斑尺寸比例随 ω 和 z_0/f 的变化

（a）D_{Lmax}/D_{Lmin} 与 ω 关系曲线（z_0/f 取值−0.3 ~ 0.3）；

（b）D_T/D_{Lmin} 与 z_0/f 关系曲线（ω 取值−60° ~ 60°）

求解 ω 和 z_0/f 的迭代算法流程，如图 3.13 所示。首先，根据畸变复合型焦散斑的形状和方向，估计出 ω 和 z_0/f 的正负。然后，结合实验中 D_{Lmax}/D_{Lmin} 值和 D_{Lmax}/D_{Lmin}-ω 曲线，缩小 ω 的范围。接着，在缩小的 ω 范围内绘出 D_T/D_{Lmin}-z_0/f 曲线，结合实验中 D_T/D_{Lmin} 值和 D_T/D_{Lmin}-z_0/f 曲线，缩小 z_0/f 的范围。至此，第

一次迭代结束，缩小了 ω 和 z_0/f 的范围。第二次迭代时，采用缩小范围后的 ω 和 z_0/f，继续缩小两者的范围。本实验规定，ω 和 z_0/f 的误差小于 5%后，迭代停止。取最后一次迭代后 ω 和 z_0/f 范围内的平均值，绘制畸变焦散斑曲线，与实验结果对比，验证畸变焦散斑整个模型及计算的可行性。

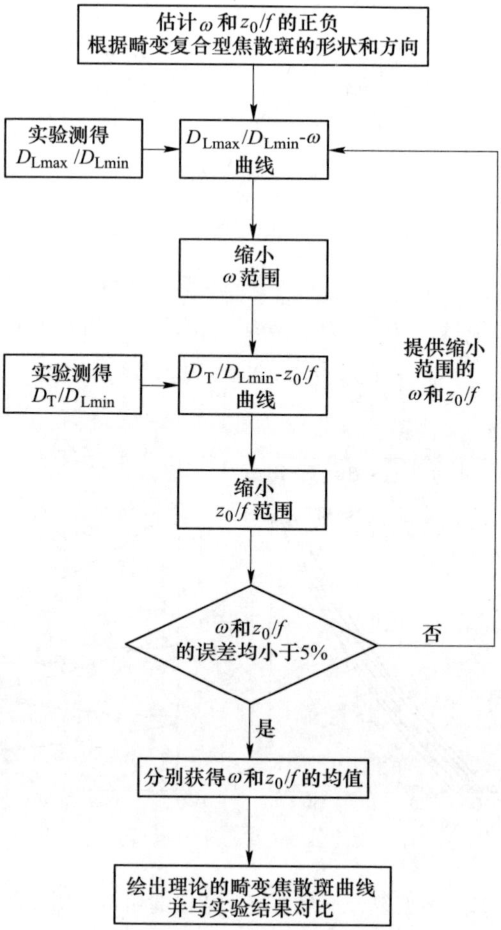

图 3.13　求解 ω 和 z_0/f 的迭代算法流程

3.5　验证畸变复合型焦散斑模型

为验证提出的畸变复合型焦散斑模型的可行性，将其应用到试件 5 和试件 10 中 P 波压缩和拉伸项的作用情况，检验该模型是否能重现实验结果，进而能合理地解释实验结果，从中提取出有意义的数据。具体步骤为：

首先，根据图 3.13 中的迭代算法，求解出参数 ω 和 z_0/f。然后，绘出畸变焦散斑理论解，与实验结果对比。两者相符的情况下，建立测量准则，获得裂尖位置、裂纹速度、应力强度因子 K_{II} 和 K_{I}。

3.5.1 P 波压缩项作用情况验证

这里先考虑试件 5 中 P 波压缩项作用情况。畸变复合型焦散斑模型的验证，如图 3.14 所示。迭代必要的参数需提前测量。通过高速相机照片，可测出 P 波压缩项波阵面与裂纹面的夹角 β 为 44.35°。由于是 P 波压缩项作用，确定 z_0/f 取

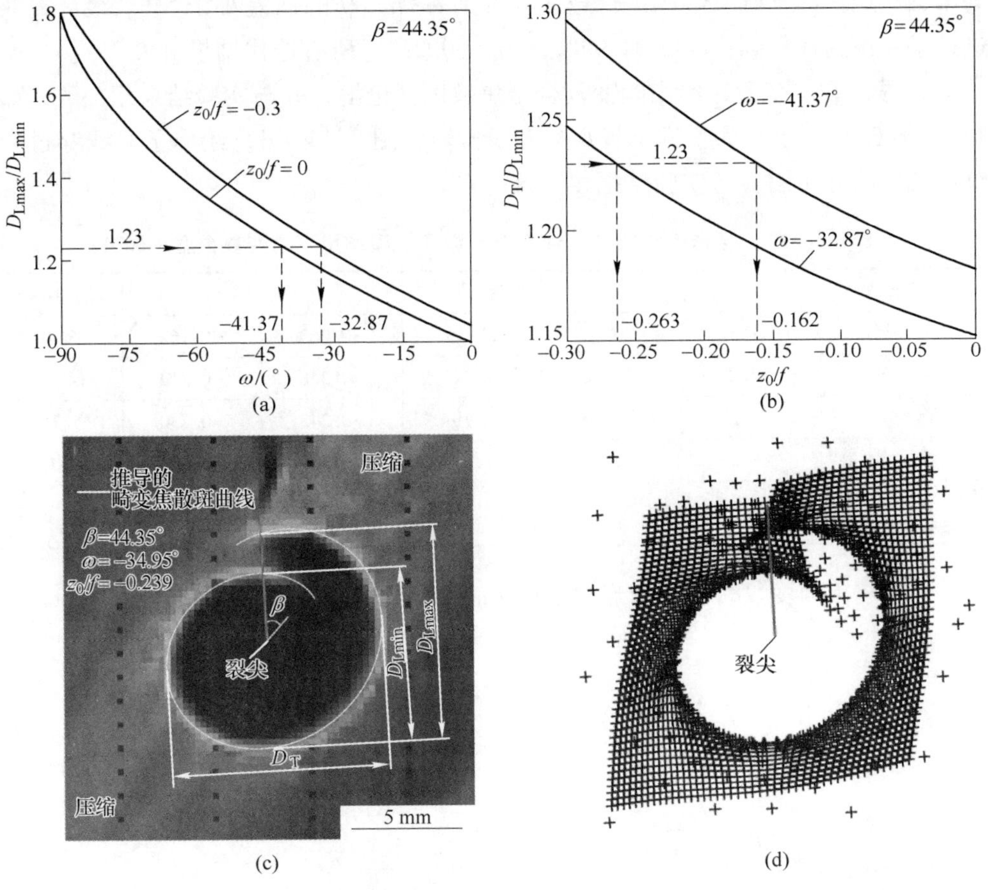

图 3.14　试件 5 中 P 波压缩项作用下畸变复合型焦散斑迭代过程

（a）（b）第 1 次迭代后结果；（c）最终迭代后求出的畸变复合型焦散斑理论解，与实验结果一致；（d）光线偏转后映射图，构成的图像与实验结果一致

彩图

负值，先估计范围（-0.3，0）。对比复合型焦散斑“尾巴”的方向，确定 ω 为负值（“尾巴”与 ω 正负的对应关系见图 3.11），范围为（-90°，0）。通过高速相机照片，测定实验中焦散斑的直径之比：$D_{\text{Lmax}}/D_{\text{Lmin}} = 1.23$，$D_{\text{T}}/D_{\text{Lmin}} = 1.23$。必要的参数准备好后，具体的迭代细节如下。

图 3.14（a）中，绘出了 $D_{\text{Lmax}}/D_{\text{Lmin}}$-$\omega$ 曲线，ω 范围为（-90°，0），z_0/f 取 -0.3 和 0。水平线 $D_{\text{Lmax}}/D_{\text{Lmin}} = 1.23$ 与曲线相交，缩小 ω 范围为（-41.37°，-32.87°）。图 3.14（b）中，绘出了 $D_{\text{T}}/D_{\text{Lmin}}$-$z_0/f$ 曲线，z_0/f 范围为（-0.3，0），ω 值取-41.37°和-32.87°。水平线 $D_{\text{T}}/D_{\text{Lmin}} = 1.23$ 与曲线相交，缩小 z_0/f 范围为（-0.263，-0.162）。至此，第一次迭代结束，ω 和 z_0/f 的范围均缩小，成为第二次迭代的基础。继续进行迭代，直到 ω 和 z_0/f 的误差小于 5%。最终，共进行了 4 次迭代得到：$\omega = -34.95°$，$z_0/f = -0.239$，所有迭代结果见表 3.1。

获得 ω 和 z_0/f 后，绘出畸变复合型焦散斑理论解，并与实验结果相一致，如图 3.14（c）所示。为了进一步观察光线偏转，图 3.14（d）绘出了光线穿过裂纹偏转后的分布图，与实验结果相一致。

表 3.1 ω 和 z_0/f 迭代结果（试件 5 中 P 波压缩项作用下畸变复合型焦散斑）

迭代次数	ω/(°)		偏差/%	z_0/f		偏差/%
第 1 次	-41.37	-32.87	20.55	-0.263	-0.162	38.40
第 2 次	-37.22	-34.09	8.41	-0.248	-0.212	14.52
第 3 次	-35.72	-34.58	3.19	-0.243	-0.230	5.35
第 4 次	-35.15	-34.74	1.17	-0.241	-0.236	2.07
最后一次迭代结果平均值	-34.95			-0.239		

为了求出畸变复合型焦散斑代表的 K_{I} 和 K_{II}，对焦散斑直径可表示为：

$$D_{\text{T}} = \delta_{\text{T}} \left(\frac{3}{2}C\right)^{2/5} \tag{3.18}$$

$$D_{\text{Lmax}} = \delta_{\text{Lmax}} \left(\frac{3}{2}C\right)^{2/5} \tag{3.19}$$

由于：$C = \dfrac{z_0 c_t d\sqrt{K_{\text{I}}^2 + K_{\text{II}}^2}}{F(v)\sqrt{2\pi}}$，$K_{\text{I}}$ 和 K_{II} 可表示为：

$$K_{\text{I}} = \frac{2\sqrt{2\pi}F(v)}{3c_t d z_0}\left(\frac{D_{\text{T,Lmax}}}{\delta_{\text{T,Lmax}}}\right)^{5/2}\cos\omega \tag{3.20}$$

$$K_{\text{II}} = K_{\text{I}}\tan\omega \tag{3.21}$$

将迭代结果 $\omega=-34.95°$ 和 $z_0/f=-0.239$ 代入式（3.18）和式（3.19），得到：$\delta_T=2.9089$ 和 $\delta_{Lmax}=2.9101$。然后，将 ω、z_0/f、δ_T、δ_{Lmax}、D_T 和 D_{Lmax} 代入式（3.20）和式（3.21）中得到 K_{I} 和 K_{II}，并与经典复合型焦散斑测量准则得出的结果对比，见表 3.2。

表 3.2 经典和改进的畸变焦散斑测量准则得出的 K_{I} 和 K_{II}
（试件 5 中 P 波拉伸项作用）

结果	K_{I}			K_{II}			参数		
	K_{I} (D_{Lmax})	K_{I} (D_T)	$K_{\mathrm{I}}(D_{Lmax})$ 与 $K_{\mathrm{I}}(D_T)$ 偏差/%	K_{II} (D_{Lmax})	K_{II} (D_T)	$K_{\mathrm{II}}(D_{Lmax})$ 与 $K_{\mathrm{II}}(D_T)$ 偏差/%	ω/(°)	δ_{Lmax}	δ_T
经典测量结果	0.54	0.59	9.26	0.47	0.52	10.64	−41.38°	3.1621	3.0388
改进测量结果	0.72	0.72	0	0.51	0.51	0	−34.95°	2.9101	2.9089

从表 3.2 看出，经典和改进的复合型焦散斑测量准则下，K_{I} 的差别较大。经典的测量结果中，纵向和横向直径测出的 K_{I} 偏差为 9.26%，改进后的测量结果，两种直径测出的 K_{I} 一致。经典和改进的测量结果差异，在 K_{II} 结果中也有发现。总结得出：改进的测量准则测量误差更小。表 3.2 也列出了经典和改进的测量准则中参数 ω、δ_T、δ_{Lmax} 的具体值，差别较大。经典测量准则参数由图 3.6 得出，而改进的测量准则参数由迭代过程得出。

3.5.2 P 波拉伸项作用情况验证

3.5.1 节中 P 波压缩项作用下的实验结果，验证了畸变复合型焦散斑模型的可行性。为了进一步验证，这里考虑试件 5 中 P 波拉伸项作用情况。畸变复合型焦散斑模型的验证，如图 3.15 所示。

通过高速相机照片，可测出 P 波压缩项波阵面与裂纹面的夹角 β 为 57.63°，与压缩项作用时（44.35°）不同，说明应力波作用下裂纹扩展方向发生了改变。由于是 P 波拉伸项作用，确定 z_0/f 取正值，先估计范围（0，0.3）。依据复合型焦散斑“尾巴”的方向，确定 ω 为负值，范围为（−90°，0）。通过高速相机照片，测定实验中焦散斑的直径之比：$D_{Lmax}/D_{Lmin}=1.14$，$D_T/D_{Lmin}=1.05$。

P 波拉伸项作用下畸变复合型焦散斑的参数 ω 和 z_0/f 由迭代过程确定，如图 3.15（a）和（b）所示。迭代过程与 P 波压缩项作用情况相似，不再赘述。直到 ω 和 z_0/f 的误差小于 5%，迭代结束。ω 和 z_0/f 由 2 次迭代得出，所有迭代结果见表 3.3。最终得到：$\omega=-32.05°$ 和 $z_0/f=0.249$。

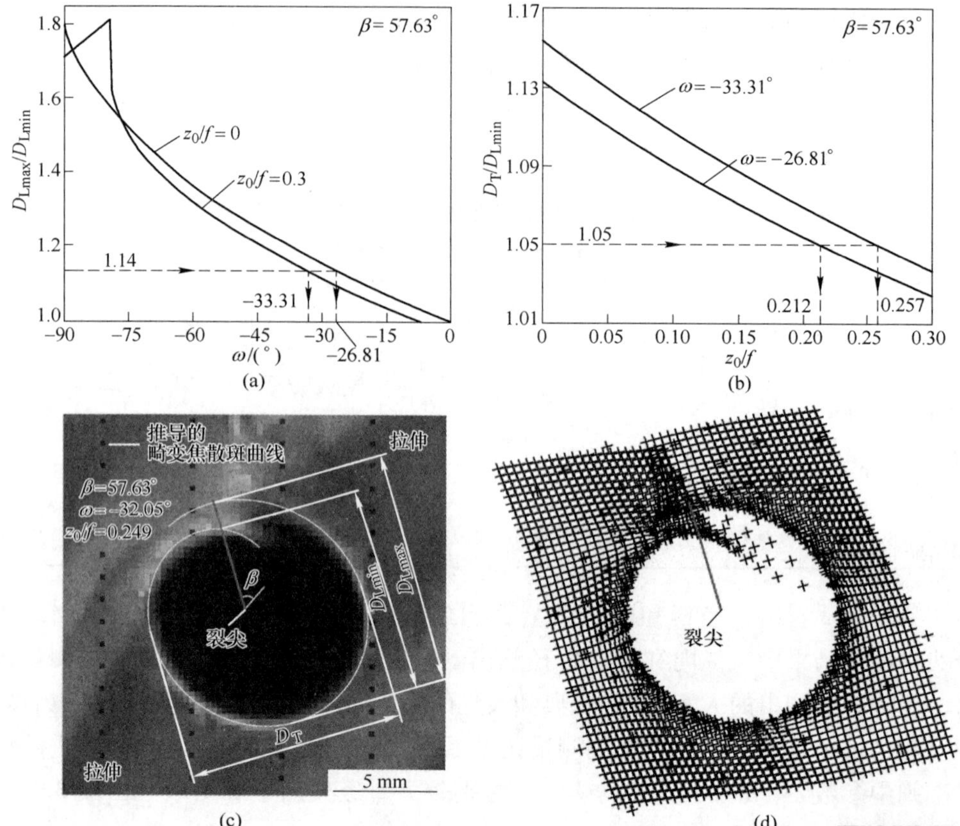

图 3.15　试件 5 中 P 波拉伸项作用下畸变复合型焦散斑迭代过程

（a）（b）第 1 次迭代后结果；（c）最终迭代后求出的畸变复合型焦散斑理论解，与实验结果一致；（d）光线偏转后映射图，构成的图像与实验结果一致

彩图

表 3.3　ω 和 z_0/f 迭代结果（试件 5 中 P 波拉伸项作用下畸变复合型焦散斑）

迭代次数	ω/(°)		偏差/%	z_0/f		偏差/%
第 1 次	−33.31	−26.81	19.51	0.212	0.257	21.23
第 2 次	−32.50	−31.60	2.77	0.246	0.252	2.44
最后一次迭代结果平均值	−32.05			0.249		

将迭代结果 $\omega=-32.05°$ 和 $z_0/f=0.249$ 代入式（3.18）和式（3.19），得到：$\delta_T=3.1798$ 和 $\delta_{Lmax}=3.4479$。然后，将 ω、z_0/f、δ_T、δ_{Lmax}、D_T 和 D_{Lmax} 代入式（3.20）和式（3.21）中得到 K_{I} 和 K_{II}，并与经典复合型焦散斑测量准则得出的结果对比，见表 3.4。

表 3.4　经典和改进的畸变焦散斑测量准则得出的 K_{I} 和 K_{II}

（试件 5 中 P 波拉伸项作用）

结果	K_{I}			K_{II}			参数		
	K_{I} (D_{Lmax})	K_{I} (D_{T})	K_{I}(D_{Lmax})与 K_{I}(D_{T})偏差/%	K_{II} (D_{Lmax})	K_{II} (D_{T})	K_{II}(D_{Lmax})与 K_{II}(D_{T})偏差/%	ω/(°)	δ_{Lmax}	δ_{T}
经典测量结果	0.93	0.78	16.13	0.47	0.40	14.89	−26.82	3.1364	3.1148
改进测量结果	0.71	0.70	1.41	0.44	0.44	0	−32.05	3.4479	3.1798

从表 3.4 看出，经典和改进的复合型焦散斑测量准则下，K_{I} 的差别较大。经典的测量结果中，纵向和横向直径测出的 K_{I} 偏差为 16.13%，改进后的测量结果，两种直径测出的 K_{I} 接近一致。经典和改进的测量结果差异，在 K_{II} 结果中也有发现。总结得出：改进的测量准则测量误差更小。表 3.4 也列出了经典和改进的测量准则中参数 ω、δ_{T}、δ_{Lmax} 的具体值，差别较大。经典测量准则参数由图 3.6 得出，而改进的测量准则参数由迭代过程得出。

一个可靠的测量准则需满足：用不同的焦散斑直径计算得出的 K_{I} 和 K_{II} 应一致。改进的畸变复合型焦散斑测量准则满足该要求，而经典的测量准则不满足。因此，在测量爆炸中复合型裂纹尖端 K_{I} 和 K_{II} 时，须仔细辨别焦散斑形状是否发生了畸变，再选择合适的测量准则。

3.5.3　其他爆破试件验证

上文重点采用试件 5 验证畸变复合型焦散斑模型，试件 10 中爆炸 P 波压缩作用情况也能得到验证，如图 3.16 和图 3.17 所示。有一点说明，由于高速相机是间隔 10 μs 捕捉爆炸过程，试件 10 中捕捉到的现象均为爆炸 P 波压缩作用。

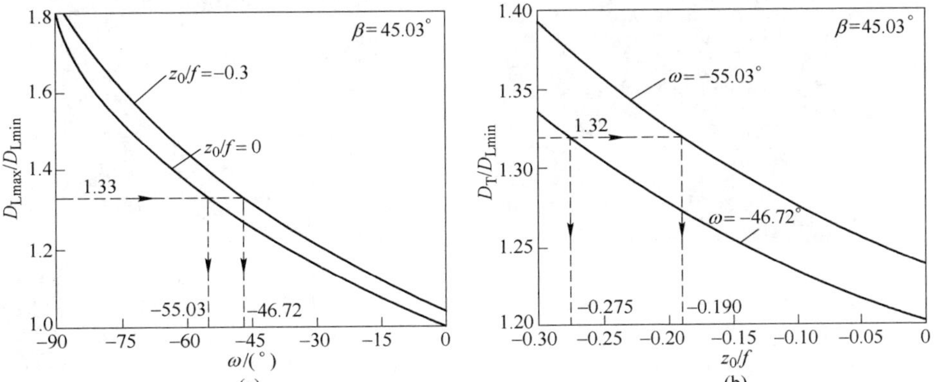

(a)　(b)

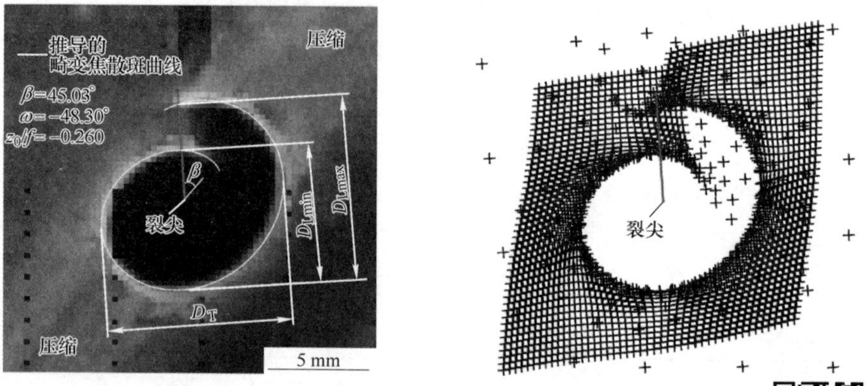

(c)　　　　(d)

图 3.16　试件 10 中 P 波第一次压缩项作用下畸变复合型焦散斑迭代过程

（a）（b）第 1 次迭代后结果；（c）最终迭代后求出的畸变复合型焦散斑理论解，与实验结果一致；（d）光线偏转后映射图，构成的图像与实验结果一致

彩图

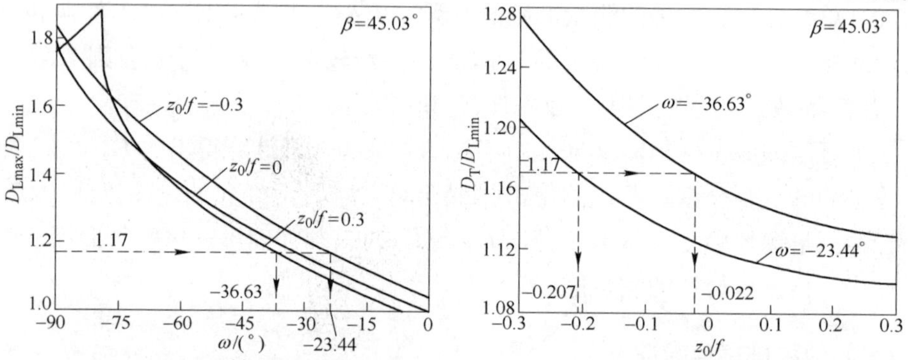

(a)　　　　(b)

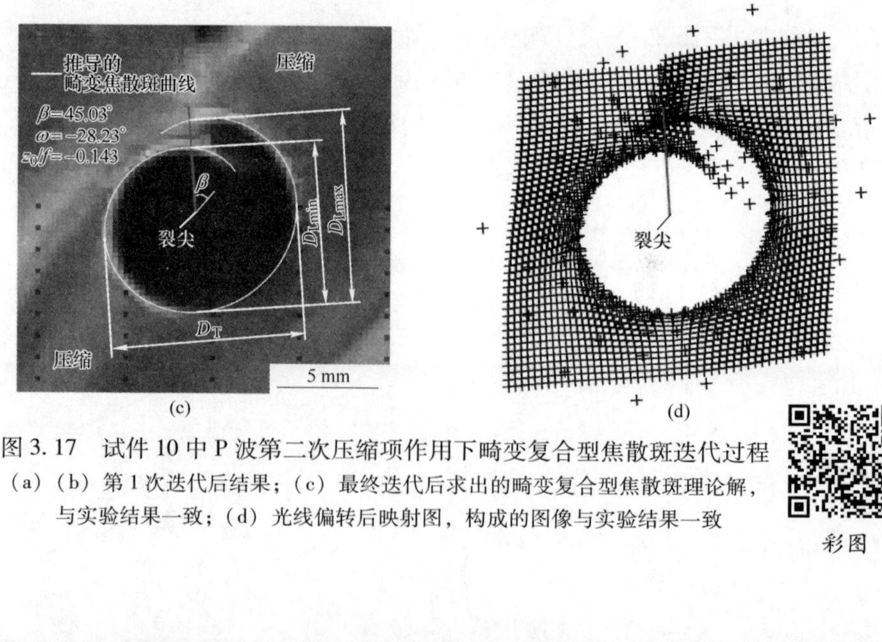

(c)　　　　(d)

图 3.17　试件 10 中 P 波第二次压缩项作用下畸变复合型焦散斑迭代过程

（a）（b）第 1 次迭代后结果；（c）最终迭代后求出的畸变复合型焦散斑理论解，与实验结果一致；（d）光线偏转后映射图，构成的图像与实验结果一致

彩图

3.5.4 裂纹应力强度因子

整个裂纹扩展过程的应力强度因子，如图 3.18 所示。P 波作用阶段，采用改进的畸变复合型焦散斑测量准则。其他作用阶段，因焦散斑未发生畸变，采用经典的测量准则。从图 3.18 中看出：采用改进的测量准则，不同的焦散斑直径计算得出的 K_{I} 和 K_{II} 一致性更好。

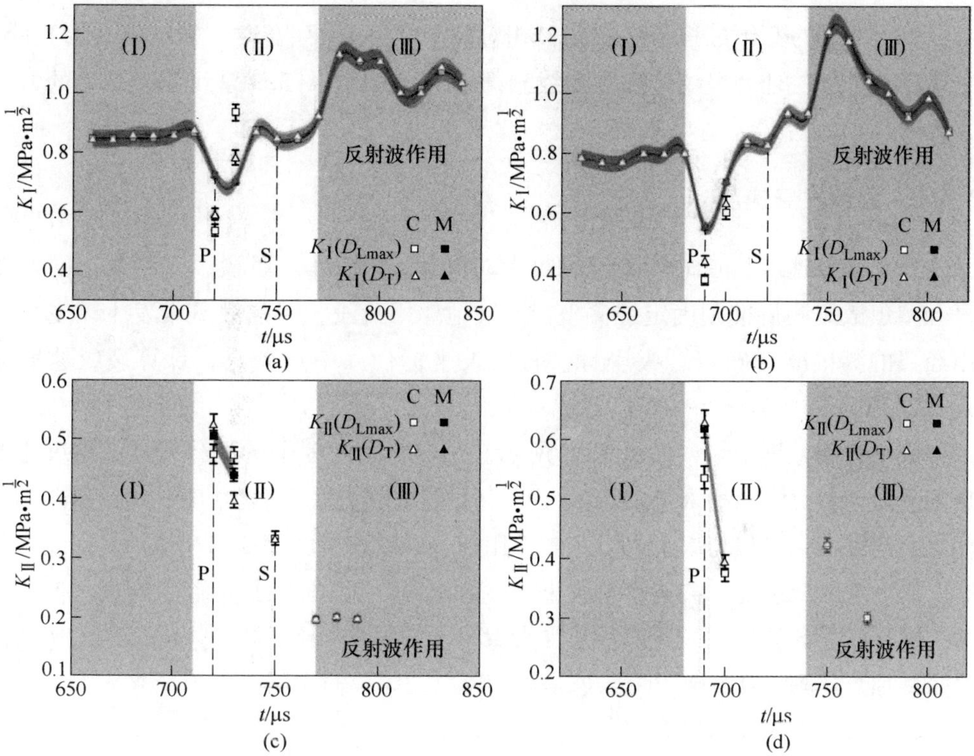

图 3.18 试件 5 和试件 10 中裂纹尖端 K_{I} 和 K_{II} 变化曲线

（a）试件 5 的 K_{I} 变化曲线；（b）试件 10 的 K_{I} 变化曲线；（c）试件 5 的 K_{II} 变化曲线；（d）试件 10 的 K_{II} 变化曲线

（K_{I} 和 K_{II} 划分成 3 个阶段，斜入射爆炸应力波：（Ⅰ）作用前，（Ⅱ）作用时，（Ⅲ）作用后；误差来自直径测量；C 和 M 分别代表经典和改进的测量准则；K_{II} 选用绝对值）

从整个应力强度因子变化过程看，斜入射爆炸应力波作用前，裂纹为稳态扩展，$K_{\mathrm{I}}=0.8\ \mathrm{MPa}\cdot\mathrm{m}^{\frac{1}{2}}$，$K_{\mathrm{II}}=0$；作用时和作用后变为非稳态扩展。P 波压缩项降低了 K_{I}，产生了 K_{II} 最大值（绝对值），因此阻碍了裂纹扩展。紧随其后，P

波拉伸项作用相反，增大了 K_{I}，降低了 K_{II}。一方面，P 波拉伸项促进裂纹张开，因此增大了 K_{I}。另一方面，P 波拉伸项波阵面与裂纹方向倾斜，但能量弱于压缩项，所以仍产生 K_{II}，但绝对值较小。P 波作用后，裂纹受到 S 波作用，K_{I} 变化范围为 0.8~1 MPa · $m^{\frac{1}{2}}$。从 K_{II} 变化可看出 S 波对裂纹的影响弱于 P 波，K_{II} 持续降低（试件 5），甚至趋于 0（试件 10）。S 波作用后，裂纹受到试件边界反射波作用，同时出现了 K_{I} 和 K_{II}，这是因为反射波方向杂乱，与裂纹方向倾斜。

K_{I} 和 K_{II} 的变化过程与裂纹路径相对应。仅有 K_{I} 存在时，裂纹路径为直线；K_{I} 和 K_{II} 均存在时，裂纹路径为曲线。图 3.18 解释了图 3.3 裂纹路径背后的力学原因。

3.5.5　裂纹扩展速度

计算裂纹速度，首先须确定裂纹尖端位置。P 波作用阶段，采用改进的畸变复合型焦散斑测量准则确定裂尖坐标。其他作用阶段，因焦散斑未发生畸变，采用经典的测量准则确定裂尖坐标。将裂尖坐标代入中点公式，计算裂纹速度见式（2.8）。

裂纹速度计算结果，如图 3.19 所示。与应力强度因子的划分一样，裂纹速度也划分为 3 个阶段，斜入射爆炸应力波：（Ⅰ）作用前；（Ⅱ）作用时；（Ⅲ）作用后。而且，速度变化趋势与 K_{I} 相似。P 波作用前，裂纹速度为 100~150 m/s。P 波作用时，压缩项降低速度，甚至将裂纹止裂；紧随其后，拉伸项提高裂纹速度，使其起裂扩展。随后 S 波作用时，裂纹速度为 150~200 m/s。反射波作用时，裂纹速度进一步增加，达到 200 m/s 以上，这是因为反射波为拉伸作用。

裂纹速度的变化解释了裂纹面显微特征的变化。P 波作用前相对较低的速度（100~150 m/s）产生了光滑的裂纹面（见图 3.3（b）），然而 S 波和反射波作用时较高的速度（150 m/s 以上），使得裂纹面产生抛物线型痕迹（见图 3.3（d）和（e））。在速度较低和较高中间，存在 P 波压缩项造成的速度下降阶段，对应于裂纹面上的“止裂线”（见图 3.3（c））。

图 3.19 中值得注意的是，裂纹速度计算误差。该误差是由向前差分和向后差分求得，某一时刻前和后的速度差别越大，误差越大。P 波作用前，速度误差较小，这是因为裂纹处于稳态扩展。然而，P 波作用后，一直到反射波作用，速度误差都偏大，这是因为裂纹处于非稳态扩展。为减小速度计算误差，今后需提高高速相机的拍摄帧率。

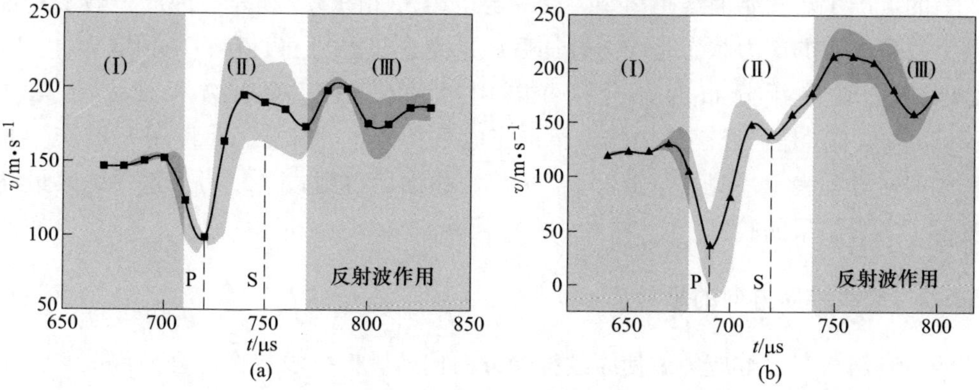

图 3.19 试件5和试件10中裂纹扩展速度

（a）试件5；（b）试件10

3.6 爆炸P波作用下复合型裂纹尖端应力分布和扩展方向

3.6.1 改进的畸变复合型焦散斑模型背后的力学机理

尽管改进的畸变复合型焦散斑模型成功应用于P波压缩和拉伸项作用情况，然而，上文仅仅是从图像角度对比了模型理论解和实验结果，通过两者的一致性验证了模型的可行性。对改进的畸变复合型焦散斑模型背后的力学机理尚不清楚，不能从根本上明白改进的模型成功的原因。

改进的畸变复合型焦散斑模型背后的力学基础是：先瞬时应力叠加，后延迟重新分布。应力叠加原理应用于“波-纹”作用的理论分析中，如Freund[65]、Achenbach[66]和Ma[67]等人采用应力叠加原理求解斜入射应力波作用下裂尖的应力场渐进解。显然，对于爆炸应力波与裂纹作用，理论求解不易实现。因此，采用焦散线方法，将应力问题转化为光学问题。由于应力和光线折射率之间可通过应力光学常数建立线性关系，因此应力叠加问题可转化为光线偏转矢量的叠加问题。而且，由于焦散线方法是建立在几何光学基础上，光线偏转矢量的叠加符合几何光学，因此这种转化也适应于焦散线方法。

瞬时应力叠加后，裂尖区域进行应力重新分布。经过一段时间后，逐渐由非K场分布恢复到应力波作用前的K场分布。重新分布所需的时间，取决于应力波的能量和到裂尖的距离。应力波能量越大，到裂尖的距离越远，重新分布所需的时间越长。需注意的是，焦散斑并非裂尖那一点产生，而是裂尖区域内的初始曲线上的点产生。初始曲线距离裂尖有一定距离，如图 3. 9 所示。因此，畸变复合型焦散斑对应的应力状态是应力叠加后还未完全重新分布，存在两种应力：（1）是已经完成重新分布的部分，可以用经典焦散斑映射方程表示（见式（2. 1））；（2）是仍处于叠加状态，未完成重新分布的部分，可以用 P 波产生的光线偏转方程表示（见式（3. 3））。最终，叠加后得到式（3. 4）。这一思路最终获得了实验结果的验证。

3. 6. 2 裂纹扩展方向的思考

尽管斜入射爆炸应力波使裂纹扩展方向偏转，但并没有像复合型焦散斑预示地那么明显，即裂尖出现了明显的复合型焦散斑，但却没有出现同样明显的裂纹偏转。经分析，原因主要有两点：

（1）P 波和 S 波作用的瞬时性。裂纹扩展速度远小于 P 波和 S 波波速。当 P 波和 S 波作用于裂尖时，裂尖没有充足的时间改变扩展方向。最明显的复合型裂纹是 P 波压缩项作用产生的，但该时刻裂纹趋于止裂，裂纹方向未发生改变。

（2）P 波和 S 波作用的周期性。Theocaris 和 Papadopoulos 采用力的分解分析了 P 波压缩和拉伸项对倾斜裂纹和 V 形槽的作用。同样地，这里将 P 波压缩、拉伸作用进行分解，两者在裂尖产生方向相反的剪切作用，如图 3. 20（a）和（b）所示。S 波的正负剪切作用也可分解，两者在裂尖也产生方向相反的剪切作用，如图 3. 20（c）和（d）所示。因此，尽管 P 波和 S 波在裂尖产生明显的复合型裂纹，但考虑其作用的瞬时性和周期性，P 波和 S 波作用下并未产生明显的裂纹偏转。

3. 6. 3 实验不足之处的思考

（1）本章经数学建模成功重现了畸变复合型焦散斑，仅得到了裂尖应力场的奇异项（即 $r^{-\frac{1}{2}}$项，K_{I} 和 K_{II}），而高阶项未得到。应力波作用于裂尖先瞬时应力叠加，后延迟重新分布，该过程中高阶项时刻变化，研究高阶项具有重要理论意义。本章未考虑高阶项，是因为焦散线方法仅提供了裂尖局部场信息，不足以分析高阶项。

解决途径：采用光弹和焦散线同步的实验系统开展爆破实验，同时获得裂尖局部场和全场信息，便于同时获得裂尖应力场的奇异项和高阶项。

（2）高速相机拍摄帧率偏低。本章实验采用的高速相机是 Photron SA5，特点是拍摄速度越高，拍摄视场越小。综合考虑，选择了 100000 帧/秒。但是，对

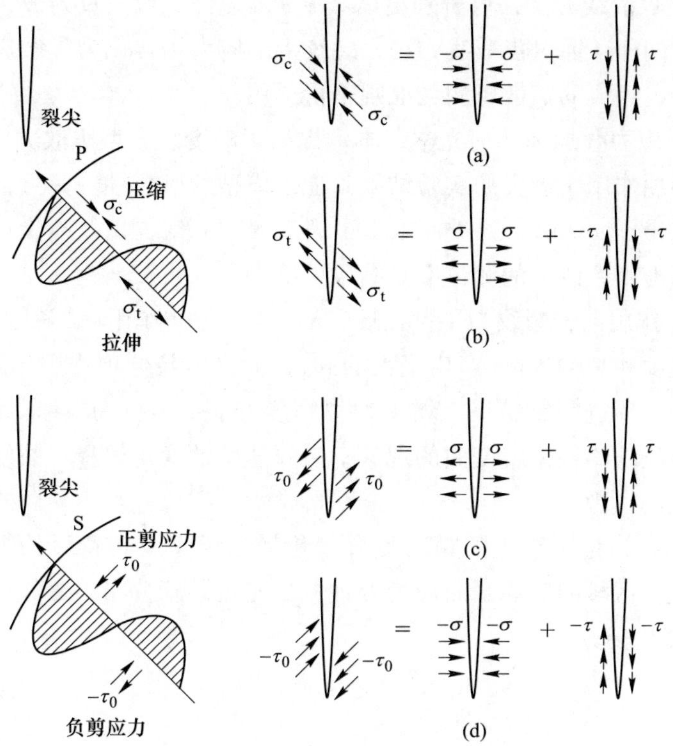

图 3.20 P 波和 S 波在裂尖作用力的分解示意图

（a）P 波压缩项作用；（b）P 波拉伸项作用；（c）S 波正作用；（d）S 波负作用

σ—正应力；τ—切应力（曲线代表 P 波和 S 波应力值）

于应力波作用下裂纹非稳态扩展状态时，裂纹速度的测量误差较大。

解决途径：采用 Kirana 高速相机拍摄，该相机拍摄视场恒为 924 像素×768 像素，不随拍摄速度变化。

3.7 本 章 小 结

在实际爆破工程中，由于裂纹扩展路径的随机性和应力波传播的透反射，爆炸应力波常以倾斜角度作用于裂纹尖端，产生复合型裂纹扩展。本章采用落锤冲击和延期起爆实现了斜入射爆炸应力波与裂纹作用，将其置于焦散线光路系统中，进而将裂尖应力问题转化为光学问题。然而，实验发现传统的复合型焦散斑测量准则不适用于爆破。如何解决这一问题，是本章的创新点和研究重点。

得出如下总结：

（1）通过焦散线方法，可辨别出爆炸 P 波、S 波，以及反射波，实现了应力波的可视化。同样，通过焦散线方法，裂纹尖端应力场转化为焦散斑图像，但其形状发生畸变，经典的焦散斑测量准则不再适用。

（2）基于应力叠加和几何光学，本章提出了畸变复合型焦散斑模型，通过 P 波压缩和拉伸项作用于裂尖的实验结果验证了模型的可行性。并且，提出了一种迭代流程，求出了 ω 和 z_0/f，进而求出了裂尖 K_{I} 和 K_{II}，以及裂尖位置。相比经典焦散斑测量准则，改进的测量准则结果更准确。

（3）爆炸作用前，裂纹为 I 型扩展，$K_{\mathrm{II}}=0$。爆炸作用后，斜入射 P 波压缩项降低裂纹速度和裂尖 K_{I}，产生最大的 K_{II}，而 P 波拉伸项作用相反。S 波和反射拉伸波进一步促进裂纹扩展，增大裂纹速度和裂尖 K_{I}，产生较小的 K_{II}。K_{II} 的变化解释了裂纹路径由直变曲的现象，裂纹速度的变化解释了裂纹面止裂线和抛物线型痕迹的出现。

（4）最后，讨论了改进的畸变复合型焦散斑模型成功背后的力学机理：应力波作用于裂尖区域时，先瞬时应力叠加，后延迟重新分布，最终恢复到应力波作用前的裂尖 K 场分布。

4 爆生气体和反射波对裂纹的作用机理（I型裂纹）

4.1 概 述

第2章和第3章研究了垂直入射、斜入射爆炸应力波与裂纹作用机理，爆破中除了应力波，另一爆炸产物爆生气体也作用于裂纹。对比两者对裂纹的作用机理，有益于加深对爆破致裂的认识。当炮孔中炸药起爆后，冲击波先作用于岩体产生微裂隙，后在爆生气体的气楔作用下，裂纹持续扩展。由于岩体中不连续面（断层、节理、缺陷）的存在，常常产生反射波并重新作用于裂纹，如图4.1所示。因此，本章对比分析爆生气体和反射波对爆炸裂纹的作用机理。

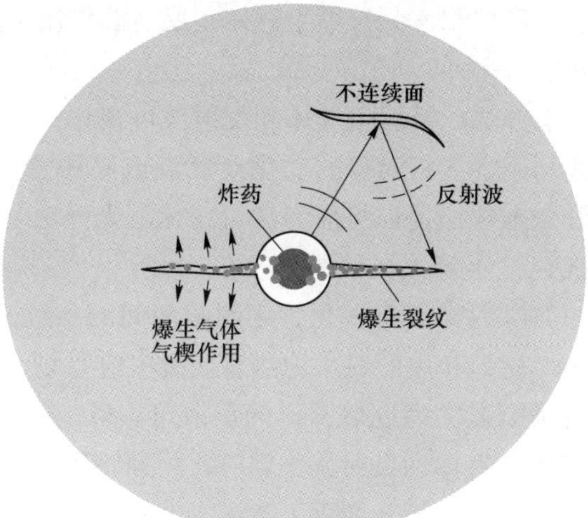

图4.1 爆生气体和反射波与对扩展裂纹作用示意图

爆炸中应力波和爆生气体对爆破致裂的贡献孰大孰小，各占多少？该问题是爆破研究领域的难点，为此研究人员开展了大量的爆破实验研究。Kutter 和 Fairhurst[73]发现相比应力波，爆生气体产生更长的爆生裂纹。同样，Dally 和 Fourney 等人[13]也发现堵塞炮孔产生更长的裂纹，归功于堵塞炮孔减少了爆生气体的逸出。Daehnke 和 Rossmanith 等人[74]通过三维有机玻璃块爆破实验，验证了爆生气体的作用。Zhang 等人对比了堵塞和不堵塞炮孔爆炸后岩石试件的爆破块度，证实了爆生气体的重要作用。除了爆生气体，爆炸应力波的作用也是研究的重点。大多数学者，如杨永琦[70]、朱振海[71]、杨仁树[56]、李清[58]、岳中文[60,72]、Rossmanith[18-19]、Fourney[17]等人对入射爆炸应力波对扩展裂纹的作用进行了大量的研究。然而，反射爆炸应力波对扩展裂纹的作用规律研究较少，一些学者在爆破实验中通过采用小药量或者大尺寸试件来削弱反射波的影响[74,107]，另一些学者在数值模拟中通过设置无反射边界条件来消除反射波的影响[108-109]。最早发现爆炸反射波作用的是 Hopkinson[110]，1914 年他发现在金属板表面引爆炸药，在相反面反射爆炸应力波产生了层裂（spalling）现象。之后，爆炸反射波的作用被 Hino[111]引入到岩石领域，用来解释爆破中岩石的破裂机理[112]。Field 等人[113]通过观察爆破后的有机玻璃块，发现自由面产生的反射波使裂纹偏转，朝向自由面扩展。为了将反射波与裂纹相互作用的应力分布可视化，Dally 等人[114]采用光弹和应变片方法研究了裂纹在反射波作用下的起裂过程。笔者采用焦散线法研究了单一方向[61]和双方向[62]（水平和垂直）反射波对爆炸裂纹的作用。以上爆破实验表明爆生气体和反射波均对爆炸裂纹扩展产生重要影响。由于裂纹扩展由裂尖应力场控制，分析爆生气体和反射波作用下裂尖应力场分布特征具有重要理论意义。

采用爆破光测力学方法，将爆生气体和反射波可视化，方便研究两者对裂纹的作用机理。纹影法利用空气折射率的变化（高温或高压造成），可将爆生气体可视化[76-77]。光弹和焦散线法能够将应力波可视化。光弹法基于波动光学，将等差的最大剪应力可视化，用等差条纹来表征应力波[15,17,115-118]。焦散线法基于几何光学，将应力波的高应力梯度可视化，用明暗相间的条纹来表征应力波[60-62]。除了将应力波可视化，光弹和焦散线法均能表征裂尖应力场。光弹法中裂尖为蝴蝶状条纹，而焦散线法中裂尖为近似圆形的焦散斑。以上 3 种光测方法（纹影、光弹、焦散线）研究爆生气体和反射波作用时，均面临困难。纹影法仅将爆生气体可视化，不能分析裂尖应力场。光弹法能将应力波、裂尖应力场可视化，但不能将爆生气体可视化，因为爆生气体没有双折射特性。焦散线法能将爆生气体、应力波、裂尖应力场同时可视化，然而经典的焦散斑理论测量裂尖应力强度因子时误差较大。笔者在博士论文中，提出了改进的Ⅰ型畸变焦散斑测量准则，但未考虑裂纹速度的影响[92]。本章在Ⅰ型畸变焦散斑模型基础上，考虑速度影响，更全面地分析爆炸裂纹尖端应力场。

本章采用焦散线方法，对比了爆生气体和反射波作用下裂尖应力场分布特征，以及裂纹面细观结构特征。通过不同的焦散斑形状，直观地辨别了爆生气体的准静态作用和应力波的动态作用。通过不同的裂纹面细观结构，直观地划分了爆生气体和反射波的作用区域。考虑了速度对焦散斑形状的影响，完善了已提出的Ⅰ型畸变焦散斑模型，并通过了实验结果验证。

4.2 爆生气体和反射波与Ⅰ型裂纹作用实验

4.2.1 裂纹、爆生气体、爆炸应力波的同时可视化

在爆破实验中，焦散线方法能够同时将裂纹、爆生气体、爆炸应力波可视化，如图4.2所示。在4.2（a）中，裂尖应力奇异场（stress singularity）使穿过的平行光发生偏转，在试件后方形成暗区域，该区域称为焦散斑。焦散斑被一圈亮线包围，该亮线称为焦散线。因此，裂尖应力场可由焦散斑来表征，焦散斑的

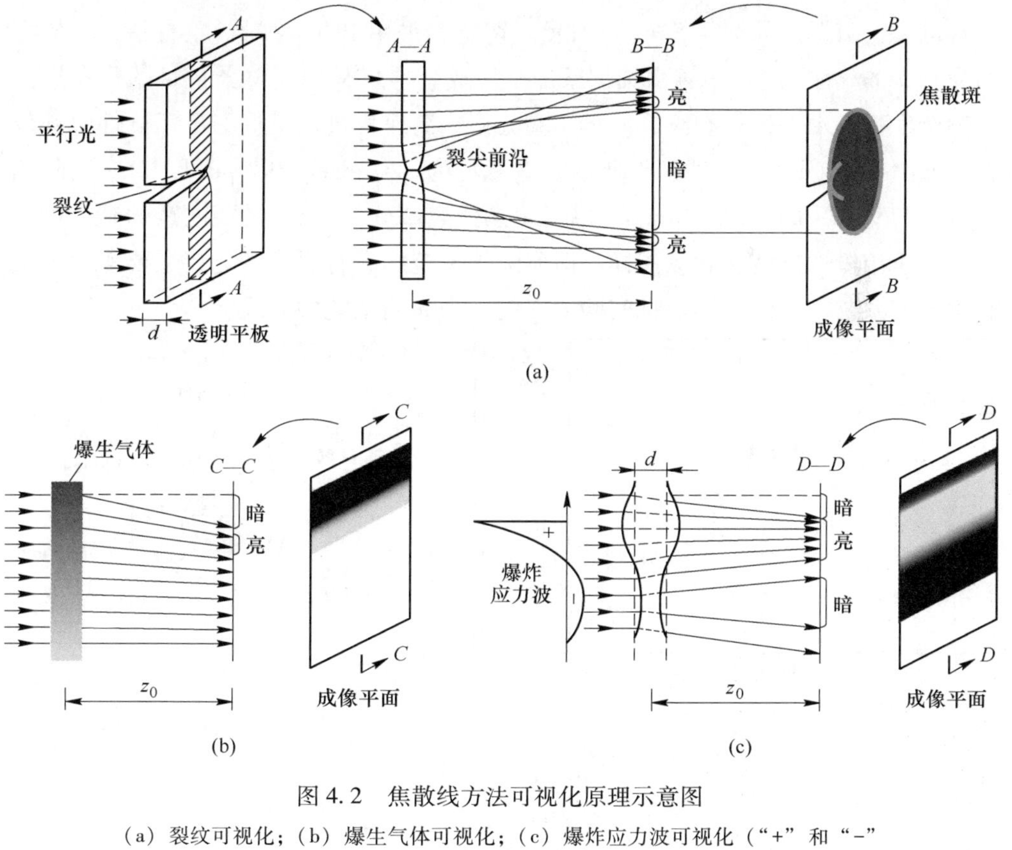

图4.2 焦散线方法可视化原理示意图

（a）裂纹可视化；（b）爆生气体可视化；（c）爆炸应力波可视化（“+”和“-”分别代表爆炸P波中的压缩项和拉伸项）

形状将反映裂尖应力场的分布特征。

图 4.2（b）展示了焦散线法将爆生气体可视化的原理。高温高压的爆生气体使空气折射率发生突变，平行光穿过爆生气体区域时，光线发生偏转。因焦散线方法的成像平面位于试件后方一定距离，因此偏转的光线在成像平面上产生明暗条纹，用来定位爆生气体的逸出位置。

图 4.2（c）展示了焦散线法将爆炸应力波可视化的原理。爆炸 P 波压缩项产生凸透镜效应，使光线汇聚，形成亮条纹；而爆炸 P 波拉伸项产生凹透镜效应，使光线发散，形成暗条纹。

4.2.2　实验试件

图 4.3 中展示了实验试件和切缝药包装药结构。实验试件为有机玻璃材料，尺寸为 400 mm×300 mm，厚度为 5 mm。在试件水平中心线上，钻出直径为 10 mm的炮孔。炮孔采用切缝药包装药，使用 120 mg 叠氮化铅（PbN_6），由铜丝尖端电火花引爆，如图 4.3（b）所示。切缝管采用 PVC 材料，左右各有一条宽约为 0.5 mm 的窄缝，窄缝由细锯条加工而成。这里采用切缝药包目的是在炮孔一侧产生一条水平的长裂纹，便于实验分析。高速相机拍摄视场位于试件中心位置，如图 4.3（a）中虚线矩形所示，像素场为 320 pixel×192 pixel，对应实际拍摄范围为 94.79 mm×56.88 mm，单位像素代表 296.2 μm。需要注意的是，虽然每次高速相机选择的像素场一样，但实际拍摄范围会有少许变化，主要取决于实验中光路系统。所以，同一批实验要在同一个光路系统中完成。

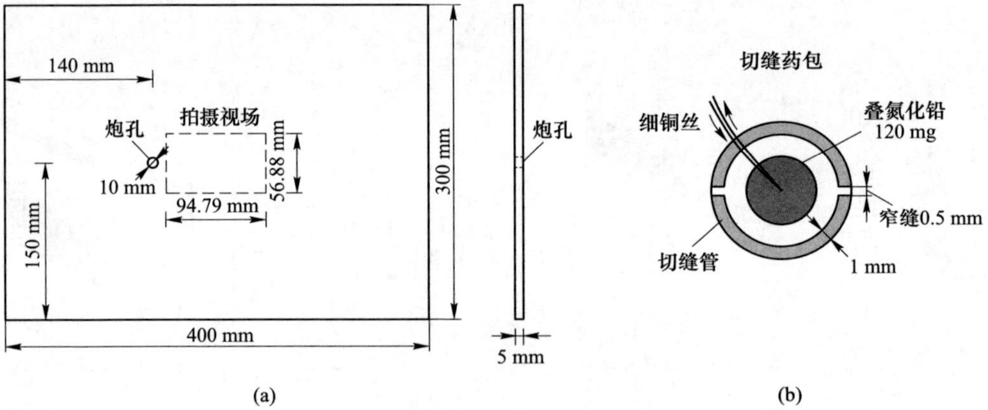

图 4.3　实验试件
（a）实验试件尺寸；（b）切缝药包
（细铜丝两个箭头代表细铜丝中的电流方向）

反射波由试件边界产生。炮孔产生的爆炸应力波波前为压应力，返回的反射波波前为拉应力。水平边界产生的反射波波阵面与扩展裂纹近似平行，且波前为拉应力，对裂纹扩展的作用最大。本实验研究水平边界返回的反射波，为避免垂直边界反射波的干扰，试件设计时使水平方向比垂直方向尺寸长。本实验仅考虑反射P波，反射S波的作用不考虑。

4.2.3 实验系统

实验系统为传统的焦散线光路系统，如图2.5所示。因为该系统已经在第2和3章中详细叙述过，这里同样的内容不再赘述，仅把本实验中需要特别注意的地方阐述。高速相机拍摄速度为100000帧/秒，曝光时间为1 μs。

在图2.5（b）实验系统示意图中，需注意成像平面与试件平面的距离z_0，该距离关系到焦散斑表征的应力到裂尖的距离，即焦散斑初始曲线到裂尖的距离。为正确地解读实验现象，该系统得到的实验数据后续需要仔细挑选，确保数据分析满足平面应力假设。

4.2.4 实验结果分析

4.2.4.1 爆破后裂纹路径

为确保爆破实验的重复性，该实验测试了3块试件。爆破后的试件S-1、试件S-2、试件S-3，如图4.4所示。3块试件中裂纹分布具有相似性，包含两类裂纹：（1）炮孔左右两侧切缝方向的定向长裂纹；（2）炮孔周围非切缝方向产生的发散短裂纹。3块试件中，定向裂纹长度与炮孔直径之比为6~7。由于切缝药包爆破的对称性，高速相机仅拍摄炮孔右侧的定向裂纹。需说明的是，试件S-2中定向裂纹呈倾斜分布，原因是装填炸药时切缝管发生了转动。

4.2.4.2 爆炸焦散线图像

图4.5展示了高速相机拍摄的爆炸焦散线图像，以试件S-1为例。爆炸裂纹、爆生气体、应力波均能可视化。由于切缝药包定向断裂的对称性，高速相机仅拍摄炮孔右侧裂纹。

按照时间先后顺序，爆炸裂纹扩展可分为三个阶段：（1）炮孔发出的爆炸应力波作用于裂纹；（2）爆生气体作用于裂纹；（3）试件上下边界返回的反射波作用于裂纹。

第一阶段：从图4.5（a）中可知，当炮孔起爆后，向四周发出爆炸应力波，

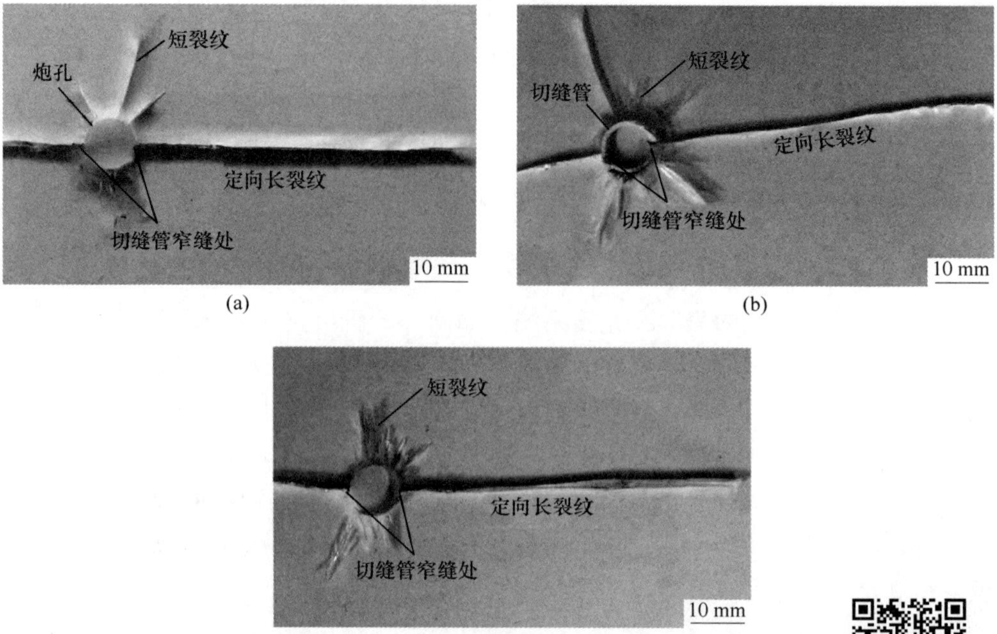

图 4.4 爆破后试件照片

（a）试件 S-1；（b）试件 S-2；（c）试件 S-3

彩图

产生明暗相间的条纹。传播在最前端的亮条纹，代表着 P 波压缩项。紧随其后的是暗条纹，代表着 P 波拉伸项，这与图 4.2（c）的分析相一致。爆炸应力波作用下，爆生裂纹在切缝药包切缝处优先起裂，表现为焦散斑从炮孔右侧向外扩展（炮孔左侧不在相机视场内），对应于图 4.4 中的定向裂纹。在裂纹起裂和刚开始扩展阶段，仍受到不断从炮孔发出的爆炸应力波作用。从该实验中可看出，从炮孔中发出的 P 波具有周期性，包含多个波峰和波谷，最前端的峰值最高（亮度最高），随后逐渐降低。本章仅关注炮孔爆炸产生的 P 波，以及 P 波在试件上下边界产生的反射波 PP_1 和反射波 PP_2。

第二阶段：从图 4.5（b）中可知，由于爆炸应力波比裂纹传播速度快，当爆炸应力波传播到远区后，裂纹只受到爆生气体的作用。爆生气体蕴含着高压和高温，当平行光线穿过爆生气体后，在成像平面上产生暗条纹。该暗条纹表征了爆生气体向外逸出的边界，图中可直观地看到整条裂纹处于爆生气体的笼罩中。随着爆生气体从切缝逸出，裂纹后方出现了一个三角形暗区（爆生气体产物遮挡住了光线），表征了爆生气体对裂纹面的楔入作用，维持着裂纹持续高速扩展。随着气体逸出距离的增大，可对比发现裂尖焦散斑尺寸变小，表明气体楔入作用

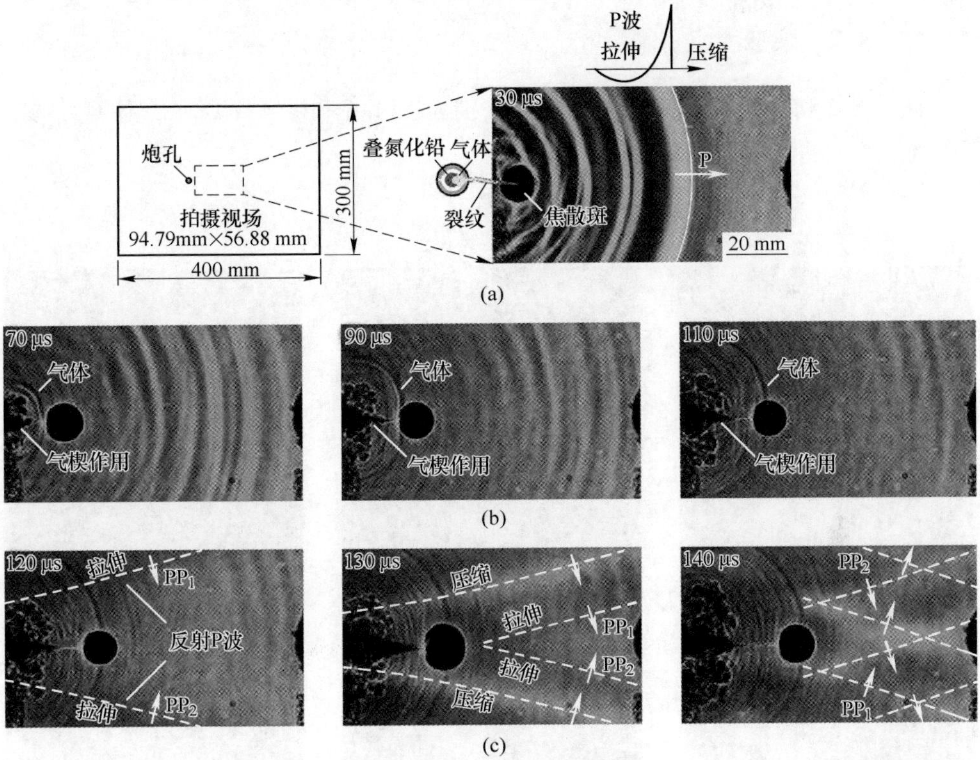

图 4.5 试件 S-1 高速相机图片

（a）爆炸产生的 P 波和裂纹，标记出了 P 波波前；

（b）爆生气体作用；（c）反射波作用

（反射波 PP_1 和反射波 PP_2 代表从试件上下边界返回的反射 P 波）

彩图

减弱。焦散斑的形状并未发生变化，表明气体作用下裂尖应力场分布未发生变化。

第三阶段：从图 4.5（c）中可知，$t=120$ μs 时，水平边界反射的爆炸应力波进入拍摄视场。PP_1 和 PP_2 波分别为从上下水平边界返回的反射波。反射波最前端为暗条纹，对应拉应力。根据 P 波传播速度和试件高度计算反射波返回需要的时间：2×150 mm/2320(m/s) = 129.31 μs。高速相机拍摄图像中，$t=130$ μs 时，PP_1 和 PP_2 波作用于裂尖。理论计算结果与高速相机拍摄结果几乎一致，验证了反射波辨识的可靠性。需说明的是，两者相差 0.69 μs，这是因为高速相机拍摄间隔为 10 μs，并非绝对的连续拍摄。

最重要的发现是：反射波作用下，裂尖焦散斑形状发生了变化，由爆生气体作用下的“圆形”变为了“椭圆形”。从裂尖焦散斑形状，可明显体现出爆生气体和应力波作用的差别，前者为准静态作用，后者为动态作用。

4.2.4.3　实验重复性

试件 S-2 和试件 S-3 的实验结果，分别如图 4.6 和图 4.7 所示，体现了实验重复性。

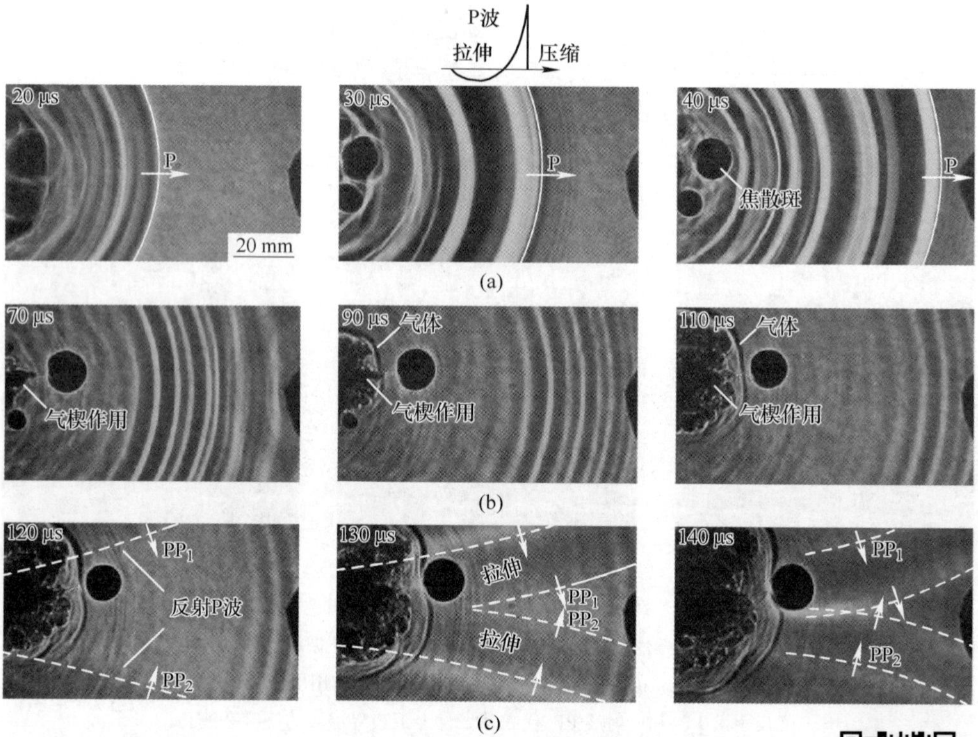

彩图

图 4.6　试件 S-2 高速相机图片

（a）爆炸产生的 P 波和裂纹，标记出了 P 波波前；

（b）爆生气体作用；（c）水平反射波作用

试件 S-1、试件 S-2、试件 S-3 重复性实验结果均表明：（1）爆生气体的“气楔”作用在图像上表现为裂纹后方“三角形”暗区，气体作用下裂尖焦散斑形状为“圆形”；（2）反射拉伸波在图像上表现为暗条纹，从上下边界返回，反射波作用下裂尖焦散斑形状为“椭圆形”；（3）相比爆生气体，反射波作用下焦散斑尺寸增大，表明反射波增大了裂尖应力集中程度。

测量裂纹每时刻扩展长度，首先需要精确测量出裂尖位置。本实验中选择焦散斑横向直径 D_T 的中心为裂尖位置。试件 S-1、试件 S-2、试件 S-3 的裂纹长度随时间变化的曲线，如图 4.8（a）所示。3 块试件具有较好的一致性，最终裂纹长度在 60~70 mm。由于裂纹起裂阶段被炮孔夹具遮挡，最初 10~15 mm 长的裂纹未测量。

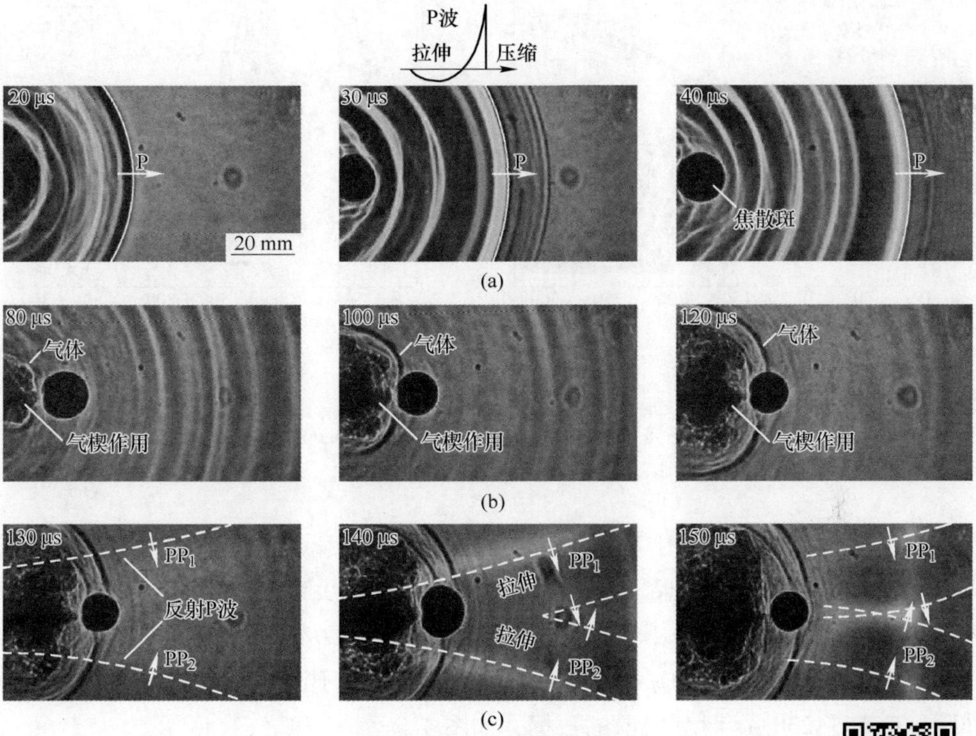

图 4.7 试件 S-3 高速相机图片

（a）爆炸产生的 P 波和裂纹，标记出了 P 波波前；

（b）爆生气体作用；（c）水平反射波作用

彩图

测出每时刻裂尖位置后，即可得到裂纹扩展速度。将裂尖位置坐标代入中点公式[119]（见式（2.8）），高速相机拍摄间隔等于 10 μs。

图 4.8（b）展示了 3 块试件中裂纹扩展速度随时间的变化曲线。由于裂纹起裂阶段被炮孔夹具遮挡，所以只关注裂纹扩展阶段。结果发现，$t=50\sim120$ μs 时，在爆生气体作用下，裂纹速度逐渐降低；$t=130$ μs 时，在反射拉伸波作用下，裂纹速度急剧增加。需要注意的是，$t=60$ μs 时，裂纹速度稍微增加，意味着爆生气体的“气楔”作用随着气体逸出有短暂增加，而后逐渐降低，这与文献结果［74］和［120］一致。

4.2.5 实验数据的选取

爆炸焦散线实验中，数据的选取很重要。焦散线方法很简单，但分析其结果不简单，尤其是数据选取环节容易被忽视，造成数据无意义。任何在无意义数据基础上得出的结论，是不科学的。

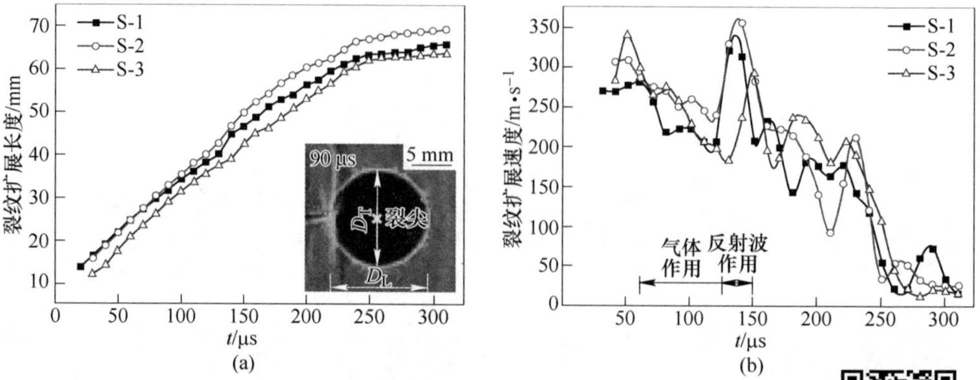

图 4.8　裂纹扩展结果重复性

（a）裂纹扩展长度变化（图中展示了裂尖位置的确定方法）；

（b）裂纹扩展速度变化

彩图

关于爆炸焦散线实验中数据的挑选，在笔者已发表的文献［63］中进行了详细讨论，这里仅给出结果。焦散斑尺寸与初始曲线关系密切，可根据焦散斑直径间接得到初始曲线半径：$r_0(D_T)=D_T/3.1702$，$r_0(D_L)=D_L/3$，如图 4.9（a）所示。为了避开裂尖三维应力区，初始曲线半径需大于试件厚度的一半。以此为准则，选取了 230 μs 时刻之前的数据，如图 4.9（b）和（c）所示。

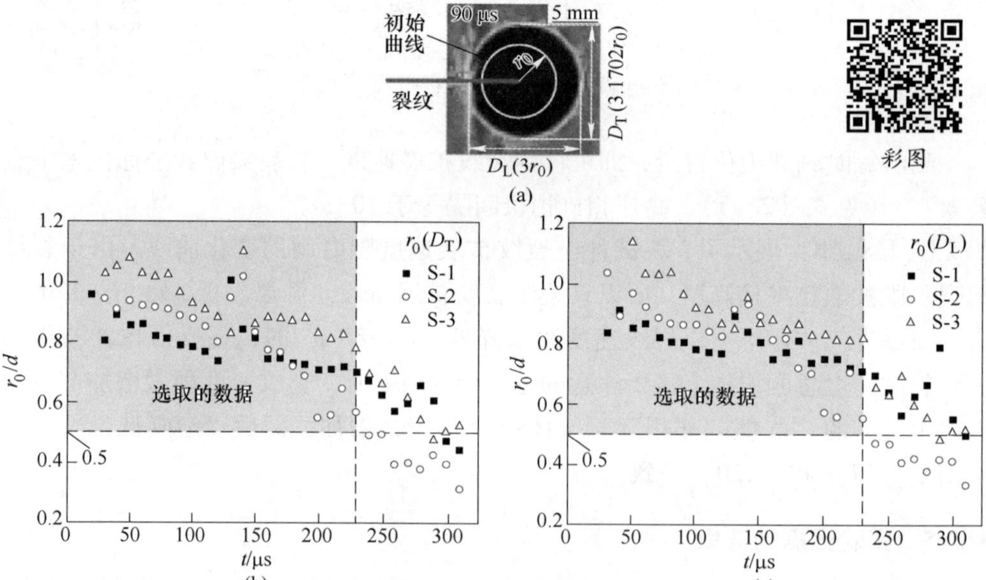

彩图

图 4.9　选取实验数据

（a）焦散斑直径和初始曲线半径之间的关系（选自试件 S-1）；（b）（c）根据焦散斑直径 D_T、D_L得出初始曲线半径，并与试件厚度 d 相比

4.2.6 焦散斑几何形状变化

图 4.10~图 4.12 将焦散斑图像从高速相机照片中裁出，并同比例放大。将经典焦散斑曲线叠加在实验结果上，且与实验中焦散斑具有同样的 D_T，更精细地分析焦散斑的形状。在 Theocaris 和 Papadopoulos 研究工作[91]基础上可知，确定了裂纹扩展速度后，裂尖经典的焦散斑形状便可得到，再给定 D_T，那么经典的焦散斑曲线便可绘出。通过对比发现，实验中焦散斑图像与经典的焦散斑曲线不完全一致：爆生气体作用下两者吻合度好；而反射波作用下两者差别较大。为定量地描述焦散斑形状，绘制了 D_T/D_L 变化曲线，如图 4.13 所示。

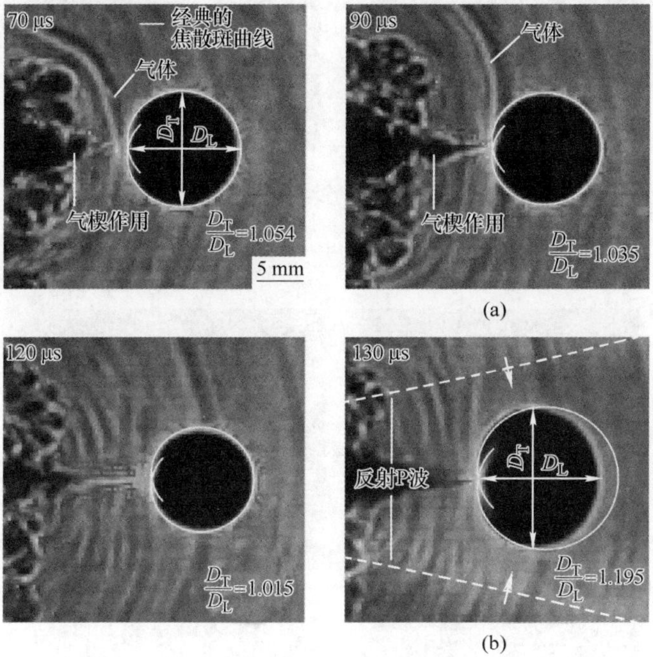

图 4.10 试件 S-1 中焦散斑形状
（a）爆生气体作用；（b）反射波作用

彩图

4.2.6.1 经典圆形焦散斑

爆生气体作用下，裂尖焦散斑与经典焦散斑相吻合，为近似圆形。经典焦散斑形状随裂纹速度变化而变化[91]，如图 4.13（a）所示。实验中，测出裂纹速度范围为 0~355.26 m/s，D_T/D_L 变化范围为 1.0567~1.0599，可知在此速度范围内焦散斑形状几乎不变，为近似圆形。实验焦散斑 D_T/D_L 测量值在经典值上下波

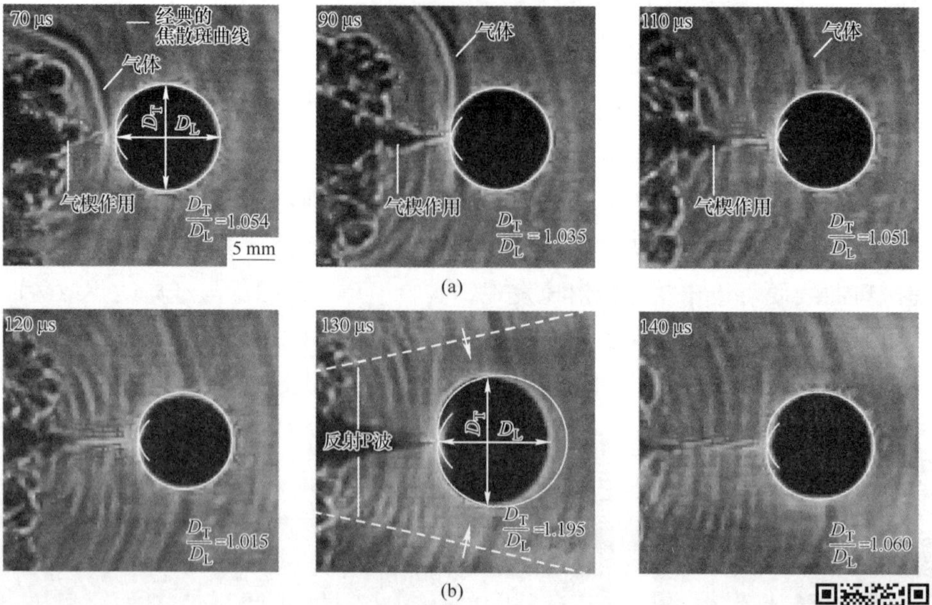

图 4. 11　试件 S-2 中焦散斑形状

（a）爆生气体作用；（b）反射波作用

彩图

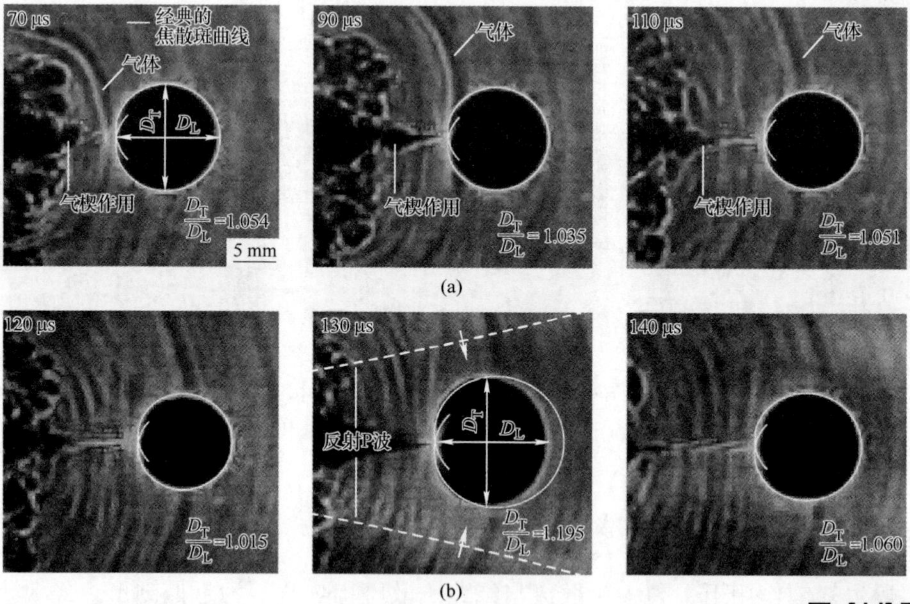

图 4. 12　试件 S-3 中焦散斑形状

（a）爆生气体作用；（b）反射波作用

彩图

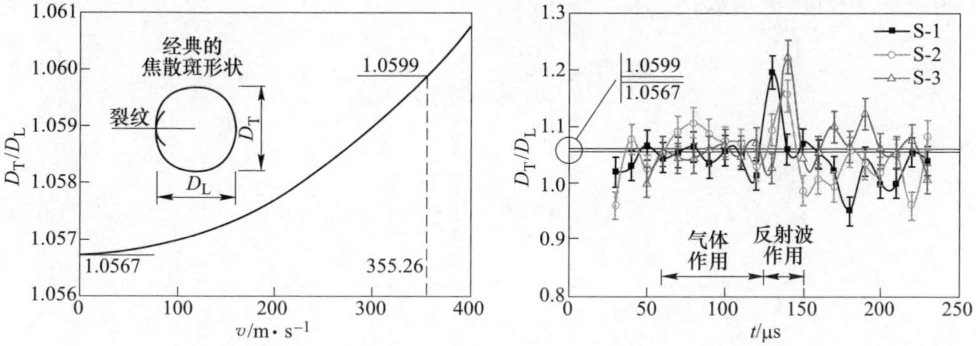

(a) (b)

图 4.13 焦散斑尺寸比例

(a) 经典焦散斑 D_T/D_L 随裂纹速度变化曲线[91]；(b) 实验和经典 D_T/D_L 的对比

(需注意，D_T/D_L 有 5%测量误差，归因于 D_T 和 D_L 的测量误差)

动，归因于测量误差，如图 4.13 (b) 所示。因经典焦散斑图像是建立在裂尖 K 场应力分布的基础上，可推出爆生气体作用下，裂尖符合 K 场应力分布。

4.2.6.2 椭圆形焦散斑

反射波作用下，裂尖焦散斑与经典焦散斑差别较大，畸变为椭圆形。图 4.13 (b) 中，$t=130$ μs 时反射波作用下，即使考虑测量误差和速度影响，D_T/D_L 实验测量值仍远大于经典理论值。因此，可推断出：反射波作用下，经典焦散斑图像背后的裂尖 K 场应力分布已被破坏，裂尖应力为非 K 场分布。

4.3 不同焦散斑形状对应的应力强度因子测量

4.3.1 经典圆形焦散斑计算应力强度因子

考虑裂纹速度对焦散斑形状的影响，经典圆形焦散斑对应的裂尖应力强度因子可通过以下公式计算得出：

$$K_{\mathrm{I}}^{d}(D_{\mathrm{T,L}})=\frac{2\sqrt{2\pi}F(v)}{3m^{3/2}c_{t}dz_{0}}\left[\frac{D_{\mathrm{T,L}}}{\delta_{\mathrm{T,L}}(v)}\right]^{5/2} \tag{4.1}$$

式中，$\delta_T(v)$、$\delta_L(v)$ 分别为焦散斑直径 D_T、D_L 对应的系数，随裂纹速度而变化，如图 4.14 所示；c_t 为材料的应力光学常数；d 为试件厚度；z_0 为试件平面到成像平面之间的距离；m 为实验系统的比例系数，本实验采用平行光，取值 1；$F(v)$

为考虑速度的修正系数：

$$F(v)=\frac{4\alpha_1\alpha_s-(1+\alpha_s^2)^2}{(\alpha_1^2-\alpha_s^2)(1+\alpha_s^2)} \tag{4.2}$$

其中

$$\alpha_{1,s}=\sqrt{1-\left(\frac{v}{C_{P,S}}\right)^2} \tag{4.3}$$

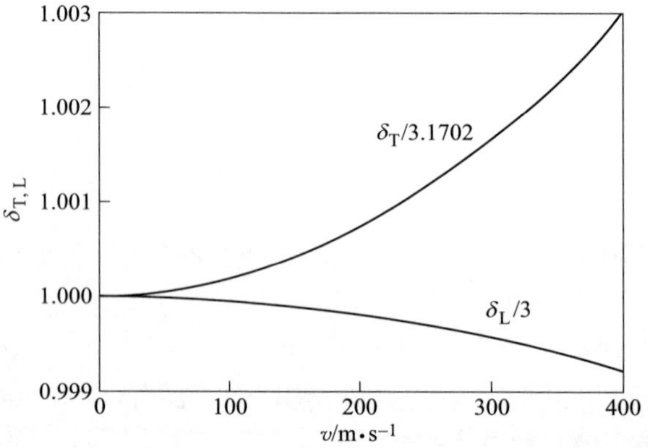

图 4.14　经典圆形焦散斑理论中 δ_T和 δ_L随裂纹速度的变化曲线

4.3.2　畸变椭圆形焦散斑计算应力强度因子

4.3.2.1　考虑速度影响的畸变焦散斑数学模型

反射波作用下，畸变后椭圆形焦散斑不能用经典的圆形焦散斑理论解释。因此，需提出新的数学模型，合理地解释实验现象。笔者在博士论文《爆炸应力波与裂纹相互作用机理研究》中，已提出了该模型，但未考虑速度影响。本章在博士论文基础上，考虑速度影响，更加全面地分析反射波作用下的畸变焦散斑。

图 4.15 展示了数学模型示意图。裂纹尖端区域光线的偏转由两部分组成：（1）扩展速度为 v 的裂纹；（2）反射波。试件平面由 x_1oy_1坐标系表示，成像平面由 $x'oy'$坐标系表示，如图 4.15（a）所示。在此坐标系下，扩展速度为 v 的裂纹尖端产生的光线映射方程为[29,94]：

$$\left.\begin{aligned} x' &= r_1\cos\theta_1 + Cr_1^{-3/2}\cos\frac{3}{2}\theta_1 \\ y' &= \frac{r_1}{\alpha_1}\sin\theta_1 + \alpha_1 Cr_1^{-3/2}\sin\frac{3}{2}\theta_1 \end{aligned}\right\} \tag{4.4}$$

其中

$$r_1 = \sqrt{x_1^2 + y_1^2} = \sqrt{x^2 + (\alpha_1 y)^2} \tag{4.5}$$

$$\tan\theta_1 = \alpha_1 \tan\theta = \alpha_1 \frac{x}{y} \tag{4.6}$$

$$C = \frac{z_0 c_t d K_{\mathrm{I}}^d(t)}{F(v)\sqrt{2\pi}} \tag{4.7}$$

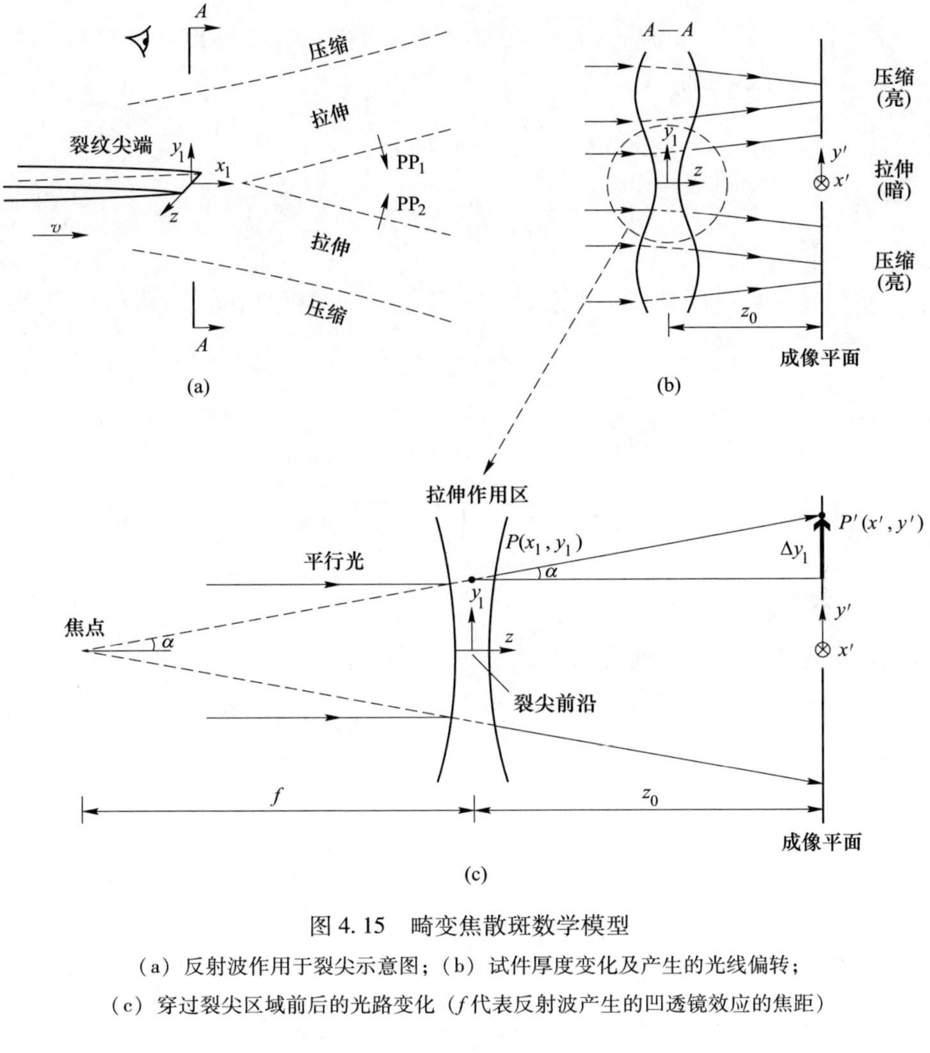

图 4.15 畸变焦散斑数学模型

（a）反射波作用于裂尖示意图；（b）试件厚度变化及产生的光线偏转；

（c）穿过裂尖区域前后的光路变化（f 代表反射波产生的凹透镜效应的焦距）

需注意的是，在笔者博士论文《爆炸应力波与裂纹相互作用机理研究》中，对式（4.4）进行了简化处理，不考虑速度影响。本章考虑速度的影响，不对式（4.4）做任何简化处理，将其直接应用于后续公式推导中，更全面地分析反射波作用下畸变焦散斑形状，进而更好地解释实验现象。

除了裂纹，反射波在裂尖区域亦产生光线偏转。上下边界的反射拉伸波 PP_1 和 PP_2 同时作用于裂纹尖端，因其高应力梯度和泊松比效应，在裂尖区域产生凹透镜效应，如图 4.15（b）所示。穿过该区域的平行光线发散，根据图 4.15（c）中几何关系，光线偏转矢量可表示为：

$$\Delta y_1 = z_0 \frac{y_1}{f} = \frac{z_0}{f} r_1 \sin\theta_1 \tag{4.8}$$

基于几何光学中光线偏转矢量叠加原理，裂尖区域光线偏转可由式（4.4）和式（4.8）叠加得到：

$$\left.\begin{aligned} x' &= r_1\cos\theta_1 + Cr_1^{-3/2}\cos\frac{3}{2}\theta_1 \\ y' &= \left(\frac{1}{\alpha_1} + \frac{z_0}{f}\right) r_1\sin\theta_1 + \alpha_1 Cr_1^{-3/2}\sin\frac{3}{2}\theta_1 \end{aligned}\right\} \tag{4.9}$$

为求出理论焦散线曲线方程，式（4.9）对应的雅克比行列式值须等于零，可表示为：

$$\begin{vmatrix} \cos\theta_1 - \frac{3}{2}Cr_1^{-5/2}\cos\frac{3}{2}\theta_1 & -r_1\sin\theta_1 - \frac{3}{2}Cr_1^{-3/2}\sin\frac{3}{2}\theta_1 \\ \left(\frac{1}{\alpha_1} + \frac{z_0}{f}\right)\sin\theta_1 - \frac{3}{2}\alpha_1 Cr_1^{-5/2}\sin\frac{3}{2}\theta_1 & \left(\frac{1}{\alpha_1} + \frac{z_0}{f}\right) r_1\cos\theta_1 + \frac{3}{2}\alpha_1 Cr_1^{-3/2}\cos\frac{3}{2}\theta_1 \end{vmatrix} = 0 \tag{4.10}$$

求解可得焦散线初始曲线为：

$$r_0 = \left[\frac{3}{2}CF\left(\frac{z_0}{f},\ \alpha_1,\ \theta_1\right)\right]^{2/5} \tag{4.11}$$

其中

$$F\left(\frac{z_0}{f},\ \alpha_1,\ \theta_1\right) = \frac{\left(\frac{z_0}{f} + \frac{1}{\alpha_1} - \alpha_1\right)\cos\frac{5}{2}\theta_1 + \sqrt{\left(\frac{z_0}{f} + \frac{1}{\alpha_1} - \alpha_1\right)^2\cos^2\frac{5}{2}\theta_1 + 4\alpha_1\left(\frac{z_0}{f} + \frac{1}{\alpha_1}\right)}}{2\left(\frac{z_0}{f} + \frac{1}{\alpha_1}\right)} \tag{4.12}$$

将式（4.11）代入式（4.9），可得最终的畸变椭圆形焦散线方程：

$$
\begin{aligned}
x' &= \left[\frac{3}{2}CF\left(\frac{z_0}{f},\ \alpha_1,\ \theta_1\right)\right]^{2/5}\left[\cos\theta_1 + \frac{2}{3F\left(\frac{z_0}{f},\ \alpha_1,\ \theta_1\right)}\cos\frac{3}{2}\theta_1\right] \\
y' &= \left[\frac{3}{2}CF\left(\frac{z_0}{f},\ \alpha_1,\ \theta_1\right)\right]^{2/5}\left[\left(\frac{1}{\alpha_1}+\frac{z_0}{f}\right)\sin\theta_1 + \frac{2\alpha_1}{3F\left(\frac{z_0}{f},\ \alpha_1,\ \theta_1\right)}\sin\frac{3}{2}\theta_1\right]
\end{aligned}
\tag{4.13}
$$

为形象地表达上述公式，根据式（4.13）和式（4.11）绘出对应的焦散线曲线和初始曲线，如图 4.16 所示。绘图中采用的参数 α_1、C、z_0/f 取值介绍如下。绘图中考虑了 5 种速度：0 m/s、200 m/s、400 m/s、600 m/s、800 m/s，对应的 α_1 可由式（4.3）求得。K_{I}^{d} 取值 1 $\mathrm{MPa \cdot m^{\frac{1}{2}}}$，因此 C 可根据式（4.7）求得。z_0/f 分别取值 0、0.25、0.5，对应图 4.16(a)~(c)。图 4.16 中（d）是（a）的部分放大图，便于分辨不同速度对应的焦散线曲线。

式（4.13）显示，焦散斑的形状取决于裂纹速度和 z_0/f。然而图 4.16 定量显示，焦散斑的形状主要取决于 z_0/f，速度的影响较小。当速度为零时，对应经典的圆形焦散斑形状，如图 4.16（a）所示。除了焦散斑形状外，焦散斑尺寸亦发生变化。从图 4.16 可知，K_{I}^{d} 相同时，焦散斑尺寸主要受速度影响。速度越大，焦散斑尺寸越大，这是因为速度影响了参数 $F(v)$ 值。除焦散斑外，其对应的初始曲线也受到裂纹速度和 z_0/f 的影响，影响规律与焦散斑类似。

为定量地分析焦散斑形状变化，选取焦散斑纵横直径之比 $D_{\mathrm{T}}/D_{\mathrm{L}}$ 为定量参数。首先，须求解 D_{T} 和 D_{L}。对式（4.13）中 y' 求导，D_{T} 表示为：

$$
D_{\mathrm{T}} = 2y'\Big|_{\frac{\partial y'}{\partial \theta_1}=0} \tag{4.14}
$$

$$
D_{\mathrm{L}} = x'\big|_{\theta_1=0} + \left|x'\big|_{y'=0,\ \theta_1>0}\right| \tag{4.15}
$$

通过式（4.14）和式（4.15）求出的 D_{T} 和 D_{L}，可得不同速度下焦散斑直径之比 $D_{\mathrm{T}}/D_{\mathrm{L}}$ 和 z_0/f 之间的关系，如图 4.17（a）所示。从中发现，z_0/f 和裂纹速度均对 $D_{\mathrm{T}}/D_{\mathrm{L}}$ 产生影响，且 z_0/f 的影响更为明显。这与图 4.16 中观察结果一致。特别地，当 z_0/f 和裂纹速度均为 0 时，$D_{\mathrm{T}}/D_{\mathrm{L}} = 1.056$，这是经典静态焦散斑的特殊情况。

根据式（4.14）和式（4.15）求出的 D_{T} 和 D_{L} 可表示为：

$$
D_{\mathrm{T}} = \delta_{\mathrm{T}}\left(\frac{3C}{2}\right)^{2/5} \tag{4.16}
$$

$$
D_{\mathrm{L}} = \delta_{\mathrm{L}}\left(\frac{3C}{2}\right)^{2/5} \tag{4.17}
$$

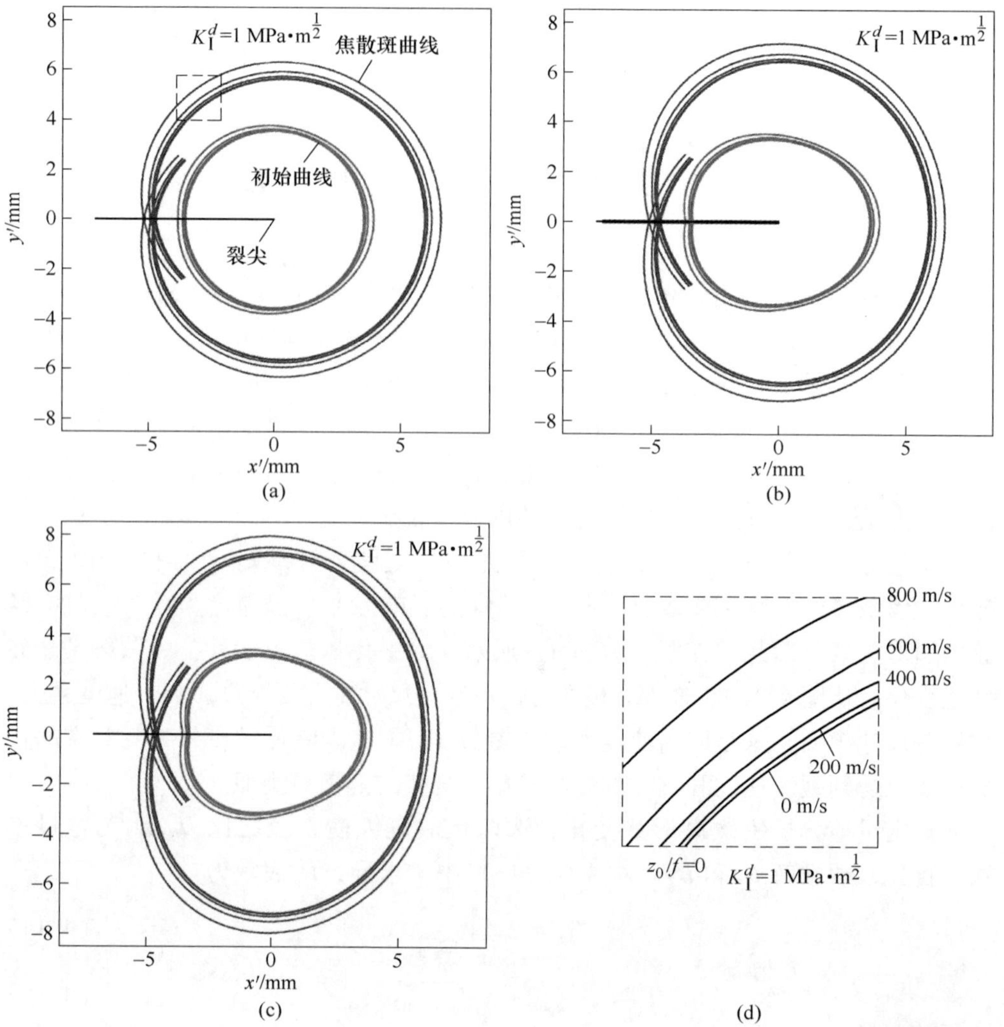

图 4.16　数学模型得出的焦散线曲线和对应的初始曲线

（a）$z_0/f=0$；（b）$z_0/f=0.25$；（c）$z_0/f=0.5$；

（d）为（a）中曲线放大图，便于分辨不同速度对应的焦散线曲线

（（b）和（c）中不同速度对应的曲线相对位置与（d）中相同）

彩图

通过式（4.16）和式（4.17），分别得出焦散斑直径 D_T 和 D_L 对应的数值因子 δ_T 和 δ_L，并绘出两者在不同裂纹速度下，随 z_0/f 的变化规律，如图 4.17（b）和（c）所示。特别地，当 z_0/f 和裂纹速度均为零时，$\delta_T=3.1702$，$\delta_L=3$，这是经典静态焦散斑的特殊情况。由于 $C=\dfrac{z_0 c_t d K_I^d(t)}{F(v)\sqrt{2\pi}}$，式（4.16）和式（4.17）可

转换成 K_{I}^{d} 的计算公式，与式（4.1）形式一样，即圆形和椭圆形焦散斑计算 K_{I}^{d} 的公式一致，区别在于：圆形焦散斑 δ_{T} 和 δ_{L} 取自图 4.14，而椭圆形焦散斑 δ_{T} 和 δ_{L} 取自图 4.17。

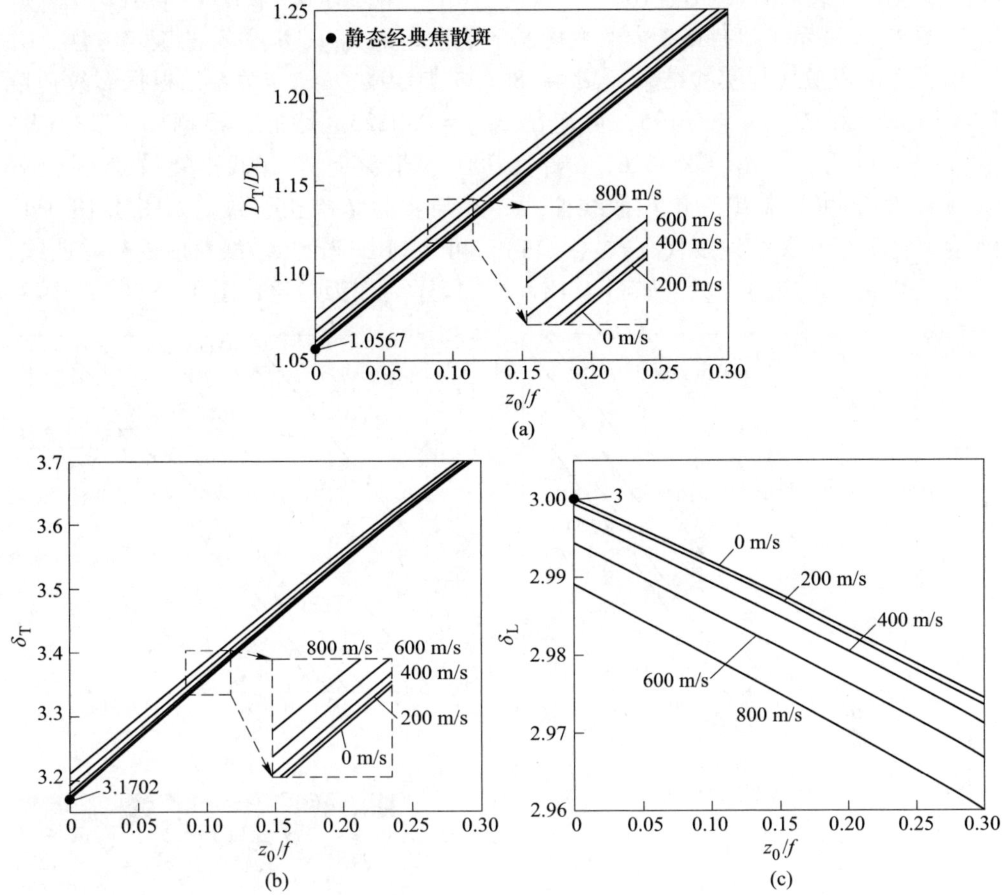

图 4.17 畸变椭圆形焦散斑形状及数值因子随 z_0/f 的变化规律

（a）$D_{\mathrm{T}}/D_{\mathrm{L}}$；（b）数值因子 δ_{T}；（c）数值因子 δ_{L}

（裂纹速度分别为 0 m/s、200 m/s、400 m/s、600 m/s、800 m/s）

4.3.2.2 数学模型模拟结果与实验结果对比

为了验证数学模型的合理性，须将理论推导出的焦散线与实验所得的焦散线图片对比。以试件 S-1 为例，详细叙述理论焦散线绘制过程。因绘制过程相似性，试件 S-2 和试件 S-3 仅给出最终结果。

理论焦散线绘制具体步骤为：

（1）根据实验中高速相机拍摄到的焦散斑图片测出 D_T/D_L，以及裂纹速度；

（2）根据 D_T/D_L-z_0/f 关系和裂纹速度，得到相应的 z_0/f 值；

（3）根据 z_0/f-$\delta_T(\delta_L)$ 关系和裂纹速度，得到相应的 $\delta_T(\delta_L)$；

（4）将 D_T 和 δ_T（或 D_L 和 δ_L）代入式（4.1），便能求出 $K_I^d(D_T)$ 和 $K_I^d(D_L)$。

图 4.18 展示了试件 S-1 中畸变椭圆形焦散斑的 z_0/f、δ_T 和 δ_L 的确定方法，并对比了理论焦散线与实验结果。图 4.18（a）为 D_T/D_L-z_0/f 关系，根据裂纹速度 320.15 m/s 和 $D_T/D_L = 1.195$，可得出 $z_0/f = 0.2123$。然后，根据图 4.18（b）和（c），可得出：$\delta_T = 3.5616$，$\delta_L = 2.9804$。最终，将 z_0/f 和裂纹速度代入式（4.13），可绘制出理论焦散线曲线，并与实验结果相一致，如图 4.18（d）所示。将 z_0/f 和裂纹速度代入式（4.11），可绘制出理论焦散线对应的初始曲线，避开了裂尖三维应力区域，如图 4.18（d）所示。作为对比，图 4.18（d）中绘

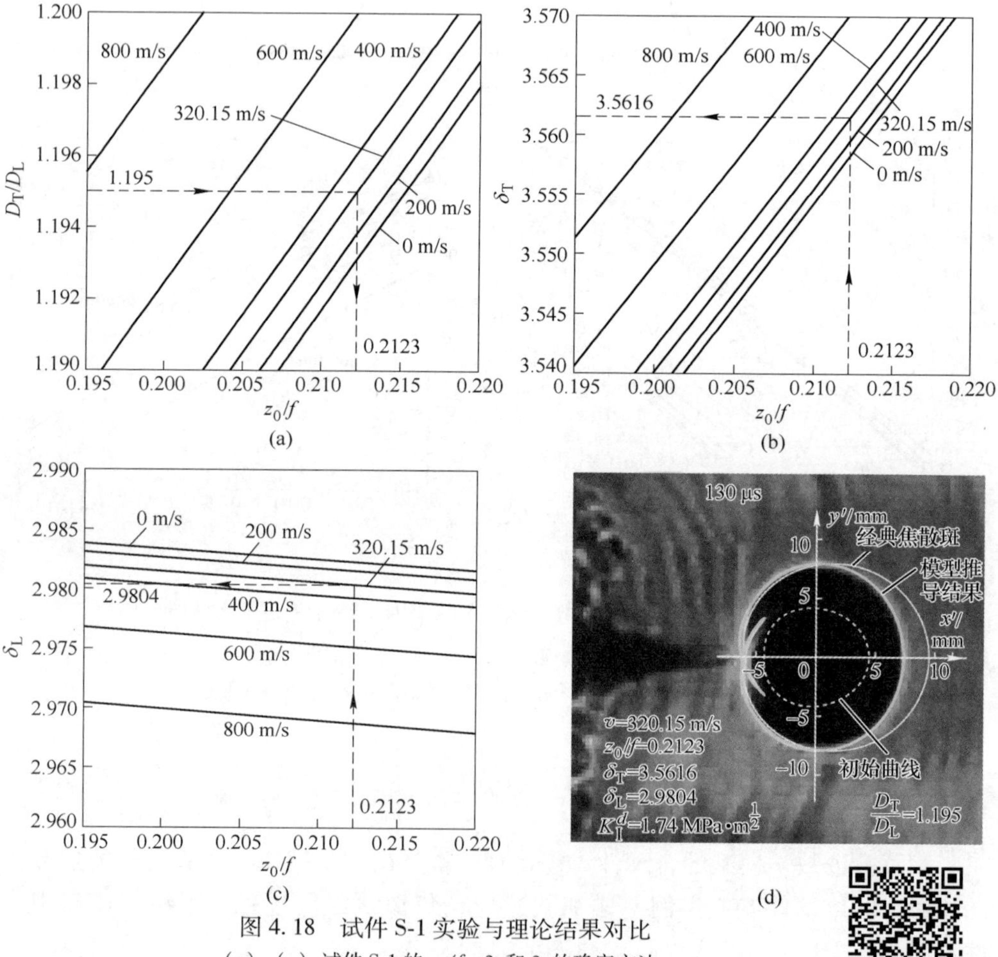

图 4.18　试件 S-1 实验与理论结果对比

（a）~（c）试件 S-1 的 z_0/f、δ_T 和 δ_L 的确定方法；

（d）理论焦散线与实验结果对比

彩图

出了经典圆形焦散线，相比畸变焦散线理论曲线，经典焦散线曲线与实验结果偏大较大。

畸变焦散线理论解与实验结果的吻合，为更精确地测量爆炸裂纹尖端应力强度因子提供了基础。将测量的焦散斑直径 D_T 和 D_L，以及对应的 δ_T(3.5616) 和 δ_L(2.9804) 代入式（4.1)，便可求得 $K_I(D_T)$ 和 $K_I(D_L)$，均等于 1.74 MPa · $m^{\frac{1}{2}}$。然而，若采用经典圆形焦散斑测量准则，从图 4.14 中确定裂纹速度 320.5 m/s 时，$\delta_T = 3.1763$ 和 $\delta_L = 2.9985$，代入式（4.1)，可求得 $K_I(D_T) = 2.32$ MPa · $m^{\frac{1}{2}}$，$K_I(D_L) = 1.72$ MPa · $m^{\frac{1}{2}}$，两者误差较大。

图 4.19 和图 4.20 分别为试件 S-2 和试件 S-3 中畸变焦散线理论图绘制和实验结果对比。

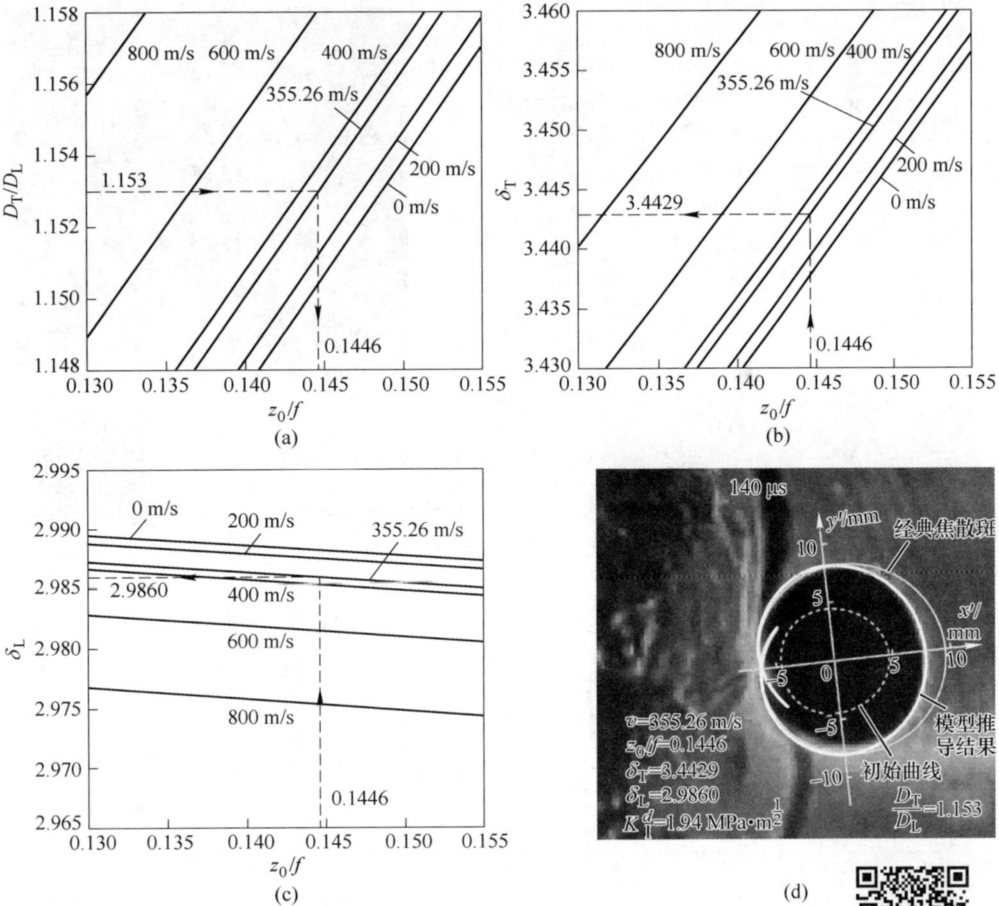

图 4.19　试件 S-2 实验与理论结果对比

(a)~(c) 试件 S-2 的 z_0/f、δ_T 和 δ_L 的确定方法；

(d) 理论焦散线与实验结果对比

彩图

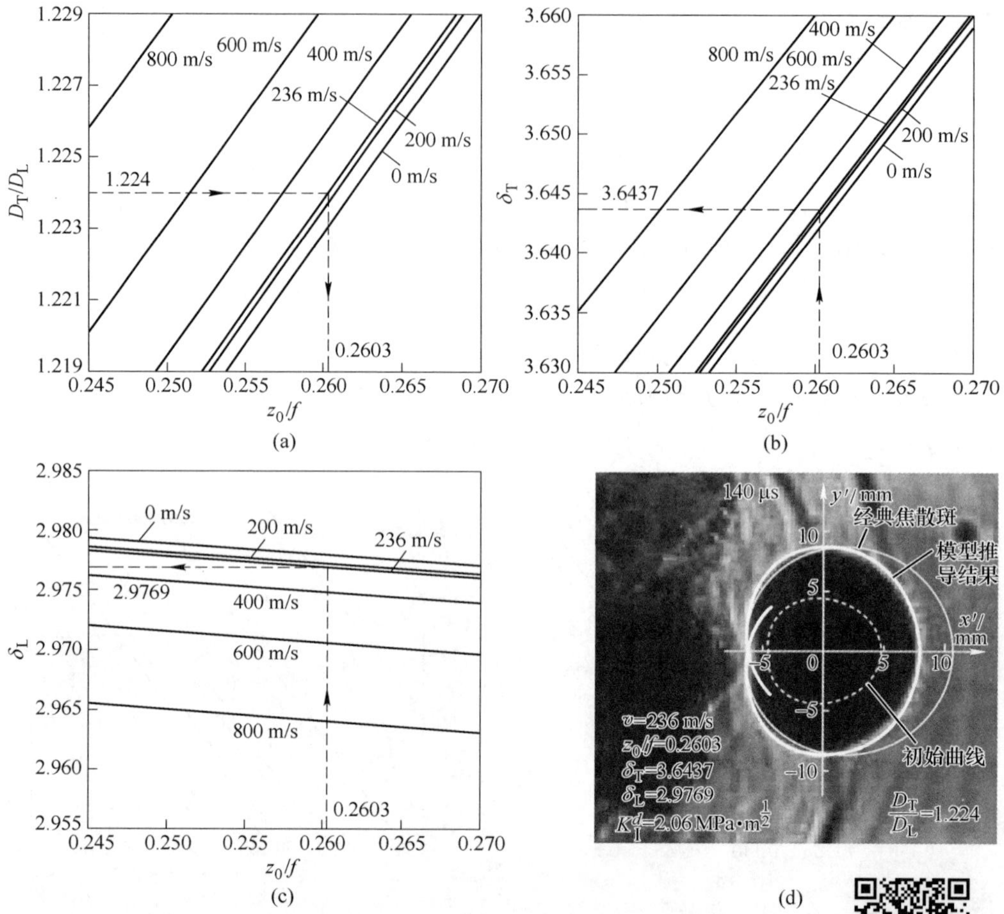

彩图

图 4.20　试件 S-3 实验与理论结果对比

（a）~（c）试件 S-3 的 z_0/f、δ_T 和 δ_L 的确定方法；

（d）理论焦散线与实验结果对比

表 4-1 列出了经典和畸变焦散斑模型求出的 K_I^d 和相应的参数 z_0/f、δ_T 和 δ_L。需注意的是，参数 z_0/f 为畸变焦散斑模型中引入，表征爆炸应力波在裂尖区域造成的光线偏转，而经典焦散斑模型中无该参数，故为零。

表 4-1　经典和畸变焦散斑模型求出的 K_I^d 和相应的参数 z_0/f、δ_T 和 δ_L

参数	S-1（t=130 μs）			S-2（t=140 μs）			S-3（t=140 μs）		
	改进	经典	偏差/%	改进	经典	偏差/%	改进	经典	偏差/%
z_0/f	0.2123	0		0.1446	0		0.2603	0	
δ_T	3.5616	3.1763	10.82	3.4429	3.1777	7.70	3.6437	3.1735	12.90
δ_L	2.9804	2.9985	0.61	2.9860	2.9982	0.41	2.9769	2.9992	0.75
$K_I^d(D_T)$	1.74	2.32	33.33	1.94	2.37	22.16	2.06	2.91	41.26
$K_I^d(D_L)$	1.74	1.72	1.15	1.94	1.92	1.03	2.06	2.02	1.94

表4-1中参数δ_T和δ_L的选取：经典焦散线方法，两参数取自图4.14；而改进的畸变焦散线模型，两参数取自图4.18~图4.20。从表4.1中可发现，改进的畸变焦散线模型得到的$K_I(D_T)$和$K_I(D_L)$相等，而经典焦散线方法得到的$K_I(D_T)$和$K_I(D_L)$差别较大，与客观事实不符（某一时刻裂纹尖端K_I应为一个值）。从经典和改进的焦散线测量结果对比发现，两者得出的$K_I(D_L)$偏差较小。这一发现，与笔者之前工作[61-62]一致，之前推导中未考虑裂纹速度的影响。可推断出，裂纹速度对畸变焦散斑测量的影响较小。

模型与实验结果的一致性验证了模型中理论推导的合理性，即认为裂尖焦散斑图像是由裂尖与爆炸应力波产生的光线偏转矢量叠加形成的。在传统的焦散线理论中，仅考虑由裂尖产生的光线偏转矢量。裂纹的扩展由距裂尖较远的荷载维持，如拉伸实验、三点弯曲梁冲击实验等。远处的荷载对光线并未产生偏转影响。但在爆炸实验中，爆炸应力波这一高应变率荷载直接作用在裂尖区域，对裂尖光线传播方向产生影响，最终焦散斑的形状发生了变化。这也是爆炸应力波与普通低应变率荷载在焦散斑形成原理上的区别，也是数学模型中遵循的原则。本章理论推导中，除了考虑爆炸应力波对光线的偏转，还考虑了裂纹速度的影响，更全面地分析了爆炸裂纹尖端畸变焦散斑，进而求出相应的应力强度因子。最终，模型与实验结果一致，验证了数学模型的合理性。

4.3.3 爆炸裂纹尖端应力强度因子变化规律

根据焦散斑的不同形状（圆形、椭圆形），采用不同的焦散斑测量方法。爆生气体作用下裂纹尖端为圆形焦散斑，采用经典焦散线测量方法；而反射波作用下裂纹尖端为椭圆形焦散斑，采用改进的畸变焦散线测量方法。测量结果如图4.21（a）所示，重点关注两个阶段：爆生气体作用阶段（60~120 μs）；反射波作用阶段（130~150 μs）。

采用了改进的焦散线测量方法，图4.21（a）中裂尖应力强度因子从横向和纵向直径测出的$K_I(D_T)$和$K_I(D_L)$相一致。作为对比，图4.21（b）中仅采用经典的焦散线测量方法，发现在反射波作用下，横向和纵向直径测出的$K_I(D_T)$和$K_I(D_L)$误差较大。因此，选用图4.21（a）分析爆生气体和反射波对爆炸裂纹的作用，发现爆生气体作用下，裂尖应力强度因子逐渐降低，而反射波作用下，裂尖应力强度因子急剧增加，但仍小于爆炸裂纹开始扩展时的应力强度因子。整体趋势上，裂尖应力强度因子与裂纹速度变化规律相似，呈正相关性。应力强度因子曲线的斜率$\mathrm{d}K_I/\mathrm{d}t$可表征加载率[121]，从图4.21中发现，爆生气体加载率较低，但作用时间较长；而反射波加载较高，但作用时间较短。

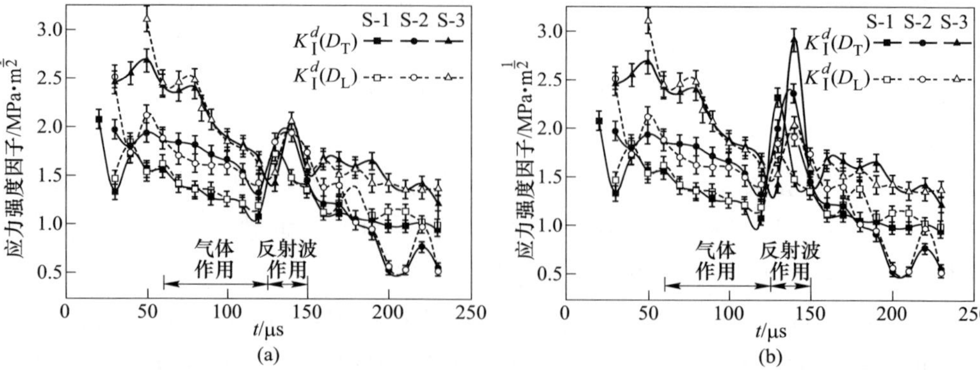

图 4.21　裂尖应力强度因子变化规律

（a）采用了改进的焦散线测量方法；（b）仅采用经典的焦散线方法

4.4　爆生气体和反射波作用下的裂纹面特征

裂纹面的粗糙度研究一直是断裂力学的重点，通过裂纹面微细观特征来解释裂纹宏观扩展规律，实现宏细微观跨尺度研究，全面解释断裂现象[122]。为了对比研究爆生气体和反射波对裂纹的不同作用机理，图 4.22 展示了爆炸后裂纹面的微观图像。

图 4.22（a）中展示了整条裂纹面。为了便于分析，根据高速相机照片，上边标注了相对应的时刻。从图 4.22（a）中可知，靠近 A 炮孔附近，裂纹面出现了肉眼可辨别的粗糙破碎结构，是炮孔附近产生的大量微裂纹相互贯通造成的。在这些微裂纹中，最终只有沿切缝方向的微裂纹得以持续扩展。当裂纹扩展超过 20 μs 时，裂纹面的粗糙结构已经不能用肉眼辨别，须借助光学显微镜放大。该阶段裂纹速度可估算：13.6 mm/20 μs = 680 m/s（裂纹扩展长度由图 4.8（a）获得），超过了 $0.4C_R$（C_R为有机玻璃 Rayleigh 波波速），该速度是产生粗糙破碎裂纹面的原因[123]。

粗糙破碎裂纹面之后，裂纹面变得光滑，直到出现一段粗糙区域。从裂纹长度和时刻对照发现：光滑裂纹面对应于爆生气体作用，而粗糙区域对应于反射波作用。将爆生气体和反射波作用阶段裂纹面放大观察，发现爆生气体作用下，裂纹面上抛物线痕迹尺寸较大，分布稀疏；而反射波作用下，裂纹面上抛物线痕迹尺寸较小，分布密集。裂纹面的不同显微特征，对应于爆生气体和反射波作用下裂纹速度的不同，与 J. Fineberg 的研究相一致[123]。

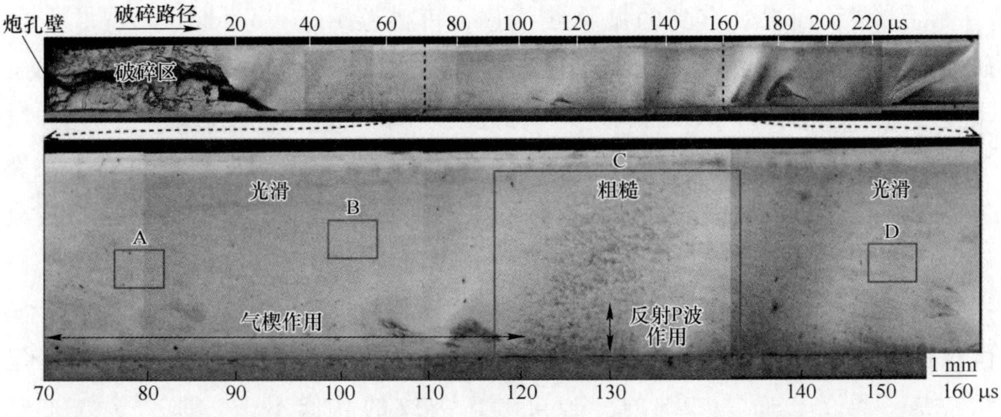

(a)

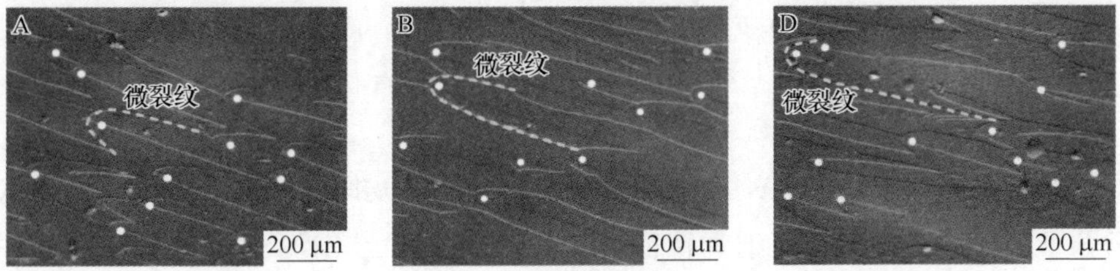

(b)

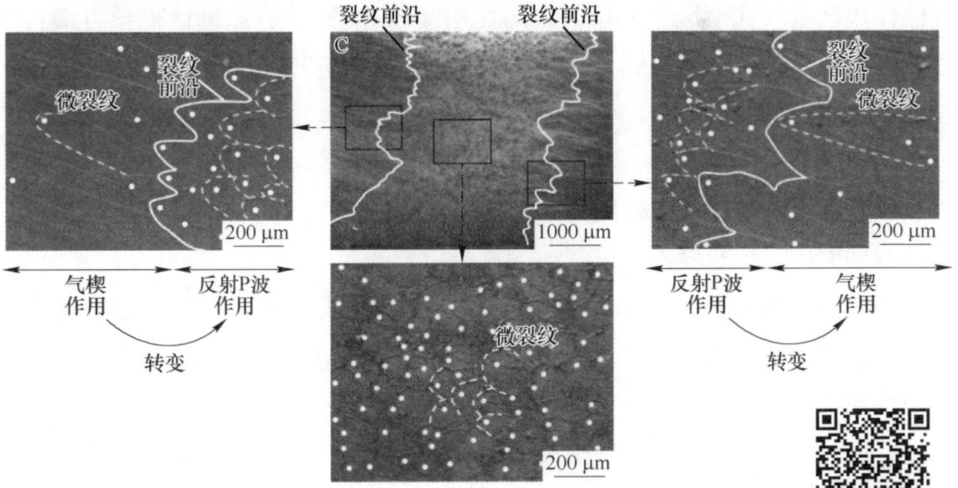

(c)

彩图

图 4.22 裂纹面显微观察

(a) 整条裂纹面；(b) 爆生气体作用阶段；(c) 反射波作用阶段

对于裂纹面上观察到的抛物线痕迹，可借鉴 Ravi-Chandar 等人[124-125]的研究来解释。宏观裂纹扩展时，在裂尖前端产生断裂过程区（fracture process zone）。在该区域内，裂尖前端产生大量微裂纹。当宏观主裂纹向前扩展时，这些微裂纹不断与主裂纹贯通。相比爆生气体，反射波的加载率更高，在裂尖前端区域产生了更多的微裂纹，因此在裂纹面上留下了更密集的抛物线痕迹。因此，稀疏不同的抛物线痕迹可区分爆生气体和反射波的作用，两类抛物线痕迹的界线为裂纹前沿（crack front），如图 4. 22（c）所示。从光学显微尺度来看，裂纹前沿并非一条直线，而是一条曲线。从这个角度看，裂纹不是一维的，而是二维的。若再考虑裂纹的高低不平，那么裂纹是三维的。

4.5　本章小结

本章采用焦散线方法，对比了爆生气体和反射波作用下，爆炸裂纹尖端应力场分布特征，以及裂纹面细观特征。实验结果方面：（1）通过不同的焦散斑形状，直观地辨别了爆生气体的准静态作用（圆形焦散斑）和应力波的动态作用（椭圆形焦散斑）；（2）通过裂纹面不同的光学显微特征，直观地划分了爆生气体作用区域（光滑区）和反射波的作用区域（粗糙区）。理论推导方面：考虑了速度对焦散斑形状的影响，完善了已提出的Ⅰ型畸变焦散斑模型，并通过了实验验证。

（1）焦散线方法能将爆炸裂纹、爆生气体和爆炸应力波可视化，为研究爆破致裂机理提供了直观有效的实验手段。但爆炸焦散线实验中，数据的选取需确保符合平面应力的假设，即避开裂尖三维应力区。

（2）爆炸裂纹尖端应力场分布可由焦散斑形状直观地反映。爆生气体作用下，裂尖产生圆形焦散斑，意味着裂尖应力场为 K 场分布；而反射波作用下，裂尖产生椭圆形焦散斑，意味着裂尖应力场为非 K 场分布。

（3）提出了改进的畸变焦散斑数学模型，同时考虑了爆炸应力波和裂纹速度对焦散斑形状的影响，模拟结果与实验结果相吻合，更全面地分析了Ⅰ型畸变焦散斑。相比于爆炸应力波，裂纹速度对焦散斑形状的影响较小。通过改进的焦散线测量方法，得出：爆生气体作用下裂尖应力强度因子降低，而反射波作用下裂尖应力强度因子急剧增加，但未超过裂纹起裂时的值。

（4）爆生气体和反射波对裂纹的不同作用机理，反映在裂纹面上留下的不同痕迹。爆生气体作用下，裂纹面产生大而稀疏的抛物线痕迹，而反射波作用下，裂纹面产生小而密集的抛物线痕迹。根据这些细观痕迹的分布，可辨别出爆生气体和反射波作用的界线，并发现裂纹前沿为一条曲线，并非直线。

5 爆炸反射波对裂纹的作用机理（Ⅰ-Ⅱ复合型裂纹）

5.1 概　　述

前面第 4 章对比了爆生气体和反射波作用下裂尖应力场分布特征，通过不同的焦散斑形状，直观地辨别了爆生气体的准静态作用和应力波的动态作用。爆生气体主要产生膨胀作用，即气楔作用，仅能作用于裂纹面，因此仅产生Ⅰ型裂纹。然而，反射波对裂尖的作用，既能产生Ⅰ型裂纹，亦能产生Ⅰ-Ⅱ复合型裂纹，这取决于入射方向。第 4 章中试件上下侧边界产生的反射 P 波，在水平定向裂纹尖端产生对称的拉伸作用，因此产生Ⅰ型裂纹。但在现实中，由于爆炸裂纹扩展路径的随机性，自由边界的随机分布，反射波在裂尖常产生非对称加载，因此产生Ⅰ-Ⅱ复合型裂纹。

爆炸 P 波与裂纹的作用，体现为裂尖的焦散斑图像，因此可通过图像研究背后的力学机理。爆炸 P 波作用下裂尖产生的畸变焦散斑图像及其理论模型，是本书的重点，贯穿于所有章节。第 2 章介绍了垂直入射 P 波作用下Ⅰ型畸变焦散斑（对称入射 P 波加载），第 3 章介绍了倾斜入射 P 波作用下Ⅰ-Ⅱ复合型畸变焦散斑（非对称入射 P 波加载），第 4 章介绍了水平反射 P 波作用下Ⅰ型畸变焦散斑（对称反射 P 波加载）。本章将介绍倾斜反射 P 波作用下Ⅰ-Ⅱ复合型畸变焦散斑（非对称反射 P 波加载），与前面 4 章呼应。

本章采用焦散线方法，对比爆生气体和倾斜反射 P 波对爆生裂纹的作用，分析反射 P 波作用下裂尖Ⅰ-Ⅱ复合型畸变焦散斑图像，提出相应的理论模型，并通过实验验证。最后，比较低、高加载速率条件下（即落锤加载和爆炸加载）复合型裂纹尖端应力强度因子的测量准则。考虑到加载时间和裂纹尖端 K 场主导应力分布（即应力强度因子主导），讨论不同加载速率条件下Ⅰ-Ⅱ复合型应力强度因子测量不同的根本原因。

5.2 爆炸反射波与Ⅰ-Ⅱ复合型裂纹作用实验

5.2.1 实验试件

PMMA(polymethyl methacrylate) 常用于爆炸致裂实验，易于加工且便于可视化爆炸致裂过程。更重要的是，PMMA 适用于焦散方法，通过解释裂纹尖端焦散斑图像，方便测量裂纹尖端应力强度因子。本节采用的 PMMA 的基本力学参数：P 波速度为 $C_P=2320$ m/s；S 波速度为 $C_S=1260$ m/s；应力光学常数为 $c_t=0.85\times10^{-10}$ m²/N。

图 5.1（a）和（b）展示了爆炸实验试件，尺寸为 400 mm×300 mm×5 mm。将试件顺时针旋转约 9.46°，产生倾斜反射 P 波并作用于水平定向爆炸裂纹，进而产生了Ⅰ-Ⅱ复合型裂纹。因为 P 波在爆炸中速度最快，所以这里只考虑反射 P 波。需要说明的是，旋转角度是通过尝试性实验确定，使水平定向爆炸裂纹和

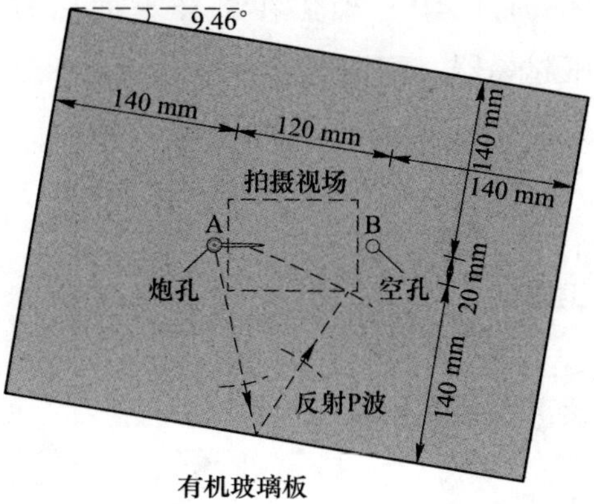

(a)

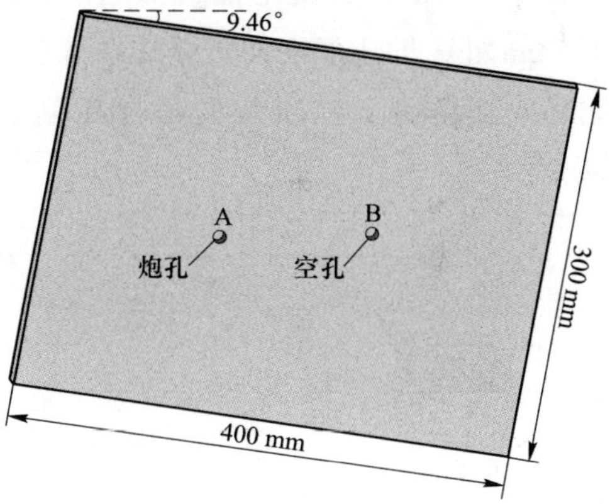

(b)

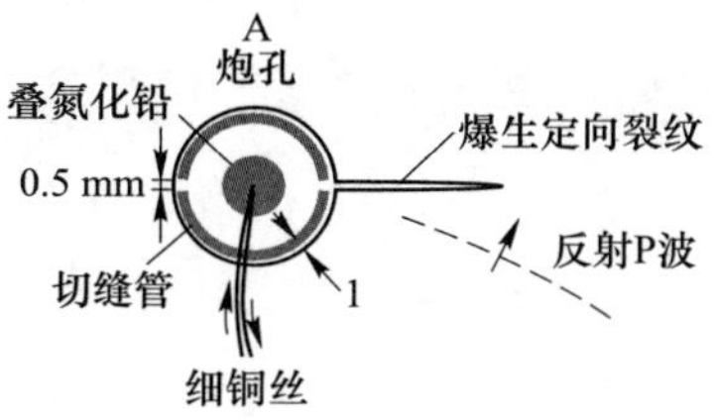

(c)

图 5.1 爆炸实验试件

（a）有机玻璃试件尺寸；（b）试件三维示意图；（c）定向爆破切缝药包示意图

倾斜反射 P 波相互作用。在试件中部区域，采用激光钻出两个直径为 10 mm 的孔。其中，孔 A 为炮孔，用来填装炸药，是爆炸中心；孔 B 为空孔，便于吸引爆炸裂纹沿水平方向扩展，与倾斜反射 P 波相互作用。

图 5.1（c）为炮孔 A 中的定向爆破切缝药包，炸药起爆后通过切缝管两侧的窄缝，优先在水平方向产生定向爆炸裂纹。切缝管由外径 10 mm 的 PVC 管制作而成，水平两侧窄缝宽约 0.5 mm。采用的炸药为 100 mg 叠氮化铅（PbN_6），通过细铜丝尖端产生的电火花引爆。细铜丝连接高压起爆器。需要注意的是，叠氮化铅是一种单质猛炸药，装药过程中需非常小心。

5.2.2　实验系统

爆炸焦散线实验系统如图 5.2 所示，适用于测量爆炸过程中Ⅰ-Ⅱ复合型裂纹尖端应力强度因子。实验系统包括两个子系统，即光学系统和爆炸系统。光学系统包括波长为 532 nm 的激光器、扩束器（扩大光场）、场镜 1（产生平行光束）和场镜 2（将光束聚焦在高速相机镜头上）。高速相机（Fastcam-SA5，Photron）通过定焦镜头（Nikon 50 mm f/1.4D）聚焦在试样平面后方 295 cm 处，即成像平面。爆炸系统包括高压起爆器、细铜丝和炸药。当高压起爆器引爆炸药，同步触发信号控制器，该信号触发高速相机立即开始拍摄照片。

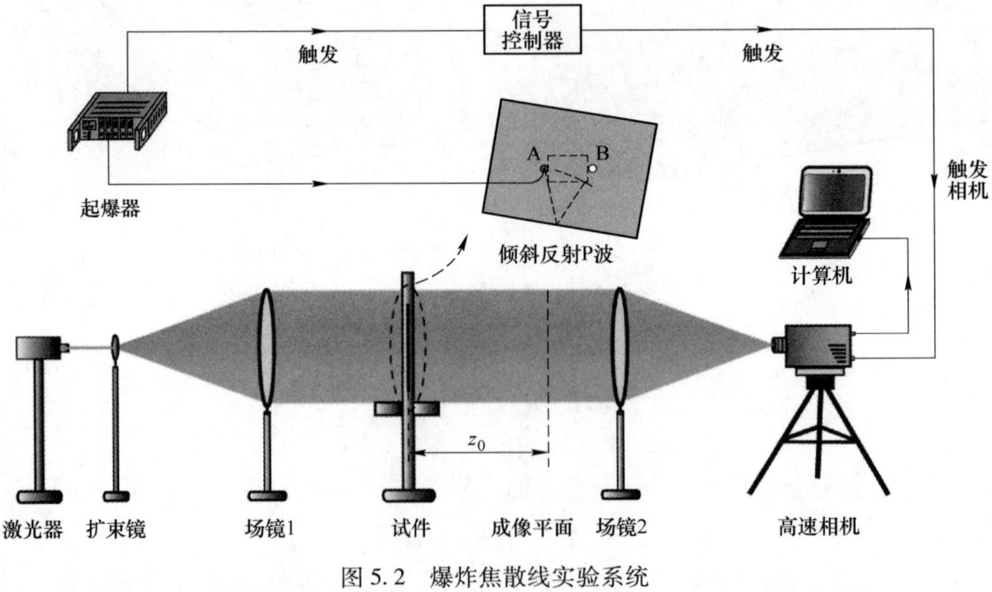

图 5.2　爆炸焦散线实验系统

高速相机在不同的拍摄速度时具有不同的视场尺寸。对于本次爆炸实验，拍摄速率为 100000 fps，分辨率为 320 pixel×192 pixel，对应实际视场为 102.56 mm×61.53 mm。因此，一个像素代表 320.49 μm。该拍摄速度既满足爆炸过程的捕捉，同时尽可能增大了视场，有利于观察倾斜反射 P 波传播，及其对复合型裂纹的作用过程。

5.2.3 经典焦散线方法测量Ⅰ-Ⅱ复合型裂纹尖端应力强度因子

图 5.3 简要展示了经典Ⅰ-Ⅱ复合型焦散斑测量应力强度因子的方法。基于平面应力和裂纹尖端 K 场主导的基本假设，经典Ⅰ-Ⅱ复合型焦散斑可用式（2.1）~式（2.3）表示[94]。

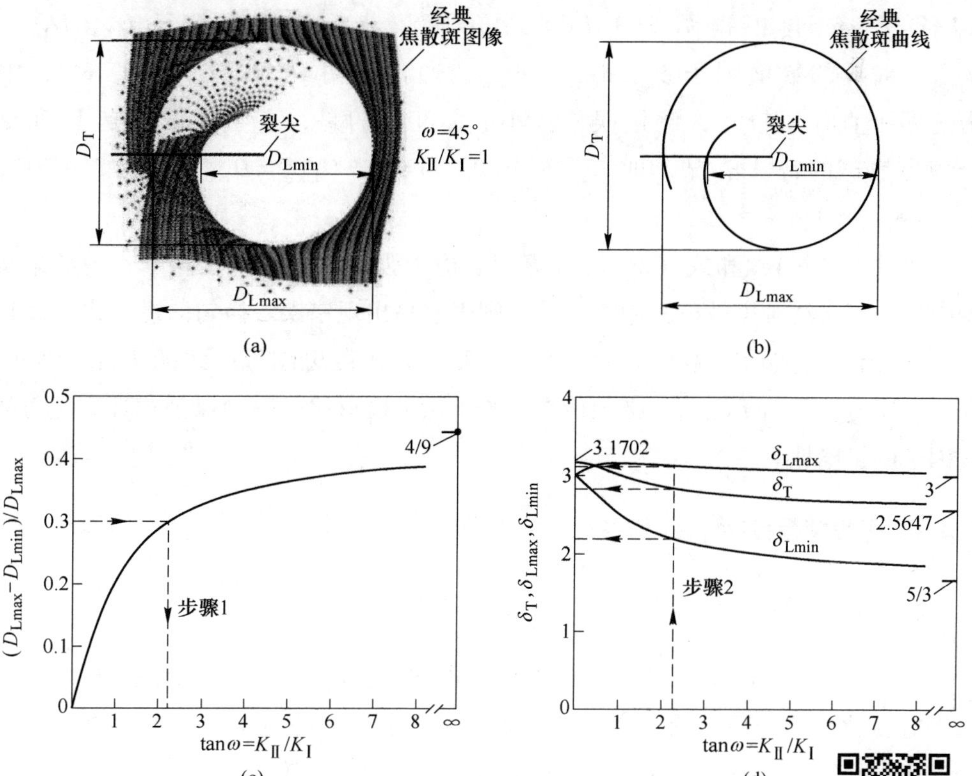

彩图

图 5.3 经典焦散线理论测量Ⅰ-Ⅱ复合型应力强度因子

（a）经典Ⅰ-Ⅱ复合型焦散斑图像（$K_{Ⅱ}/K_{Ⅰ}=1$，$\omega=45°$为例）；（b）经典Ⅰ-Ⅱ复合型焦散斑曲线；（c）焦散斑直径比例（$D_{Lmax}-D_{Lmin}$）/D_{Lmax} 与 $K_{Ⅱ}/K_{Ⅰ}$ 的关系；（d）焦散斑直径对应的数值因子与 $K_{Ⅱ}/K_{Ⅰ}$ 的关系

试件中间平面和成像平面之间的距离为 295 cm，如图 5.2 所示；c_t 为 $0.85\times10^{-10}\ m^2/N$；试样厚度为 5 mm；在本实验系统中，平行光的比例因子 m 等于 1；由于裂纹速度远小于 P 波、S 波速度，$F(v)$ 约为 1。图 5.3（a）和（b）为经典Ⅰ-Ⅱ复合型焦散斑图像和对应的曲线，符号“+”表示成像平面上的光线点位置，由式（5.1）绘出。

通过测量复合型焦散斑的直径，可以获得Ⅰ型和Ⅱ型应力强度因子（$K_Ⅰ$ 和 $K_Ⅱ$）[94]，具体见式（2.4）和式（2.5）。

式（2.4）和式（2.5）中的参数可通过图 5.3（c）和（d）获得，图中所示的对应关系由 Theocaris 和 Gdoutos[102] 提出。先测量复合型焦散斑直径获得 $(D_{Lmax}-D_{Lmin})/D_{Lmax}$，然后根据图 5.3（c）中步骤 1 获得对应的 $K_Ⅱ/K_Ⅰ$ 和 ω，再根据图 5.3（d）中步骤 2 获得焦散斑直径 D_T、D_{Lmax}、D_{Lmin}，对应的数值因子 δ_T、δ_{Lmax}、δ_{Lmin}。通常采用 D_T 和 D_{Lmax} 计算 $K_Ⅰ$，因为这两个直径值较大，测量误差较小。需注意的是，Ⅰ型焦散斑是Ⅰ-Ⅱ复合型焦散斑的特殊情况，即 $K_Ⅱ/K_Ⅰ=0$，$\omega=0$，$D_{Lmax}=D_{Lmin}$，$\delta_T=3.1702$，$\delta_{Lmax}=\delta_{Lmin}=3$。

通过式（2.4）和式（2.5）计算得到应力强度因子看似很简单，但如果实验中焦散斑与经典焦散斑图像不一致，则很容易出现错误。换句话说，式（2.4）和式（2.5）的成功应用是基于实验结果和经典焦散斑图像一致的假设。因此，在计算应力强度因子之前，必须检查实验中焦散斑形状，以确保公式计算应力强度因子的正确性。

5.2.4 实验结果分析

5.2.4.1 倾斜反射 P 波作用下焦散斑图像

图 5.4 展示了倾斜反射波作用下焦散斑图像。图 5.4（a）中，高压电火花引爆叠氮化铅炸药后，爆炸产生的 P 波先从炮孔 A 中传播出来，随后在水平方向产生主裂纹，在炮孔周围产生若干小裂纹，扩展距离较短。主裂纹由切缝管定向聚能作用产生，若干小裂纹由切缝管与炮孔壁碰撞冲击产生。从焦散斑形状可辨别出，爆生气体作用下，裂纹为Ⅰ型（张开型）。

然而，当倾斜反射 P 波作用于主裂纹时，Ⅰ型焦散斑在 110 μs 和 120 μs 时立即变为Ⅰ-Ⅱ复合型焦散斑，如图 5.4（b）所示。从 100 μs 时小裂纹尖端焦散

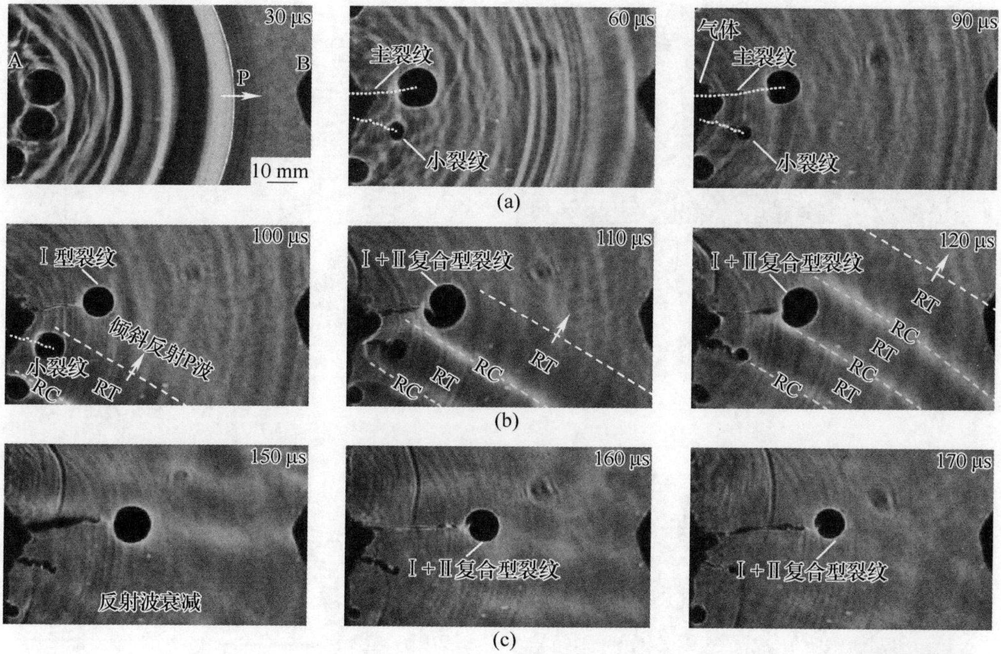

图 5.4 倾斜反射波作用下焦散斑图像

(a) 反射波作用前；(b) 反射波作用时；(c) 反射波作用后

(RT 和 RC 分别代表反射 P 波的拉伸项和压缩项)

彩图

斑突然变大可发现反射波的到达，同时，可辨别出倾斜反射 P 波的波前为拉伸作用，表现为暗条纹。相反地，倾斜反射 P 波的压缩作用表现为亮条纹。待反射 P 波作用后，波出现衰减，主裂纹尖端的复合型焦散斑变得不明显，如图 5.4 (c) 所示。

5.2.4.2 反射 P 波作用下Ⅰ-Ⅱ复合型裂纹尖端应力强度因子测量存在的问题

为了正确分析倾斜反射 P 波作用下Ⅰ-Ⅱ复合型焦散斑图像，将其与式 (5.1) 绘出的经典理论焦散斑图像对比，如图 5.5 所示，发现两者差异明显。实验获得的Ⅰ-Ⅱ复合型焦散斑在反射 P 波拉伸作用下，产生了明显畸变。这表明倾斜反射 P 波改变了裂纹尖端的应力场分布，从而改变了应力强度因子测量方法。因此，有必要对经典焦散线理论进行改进。

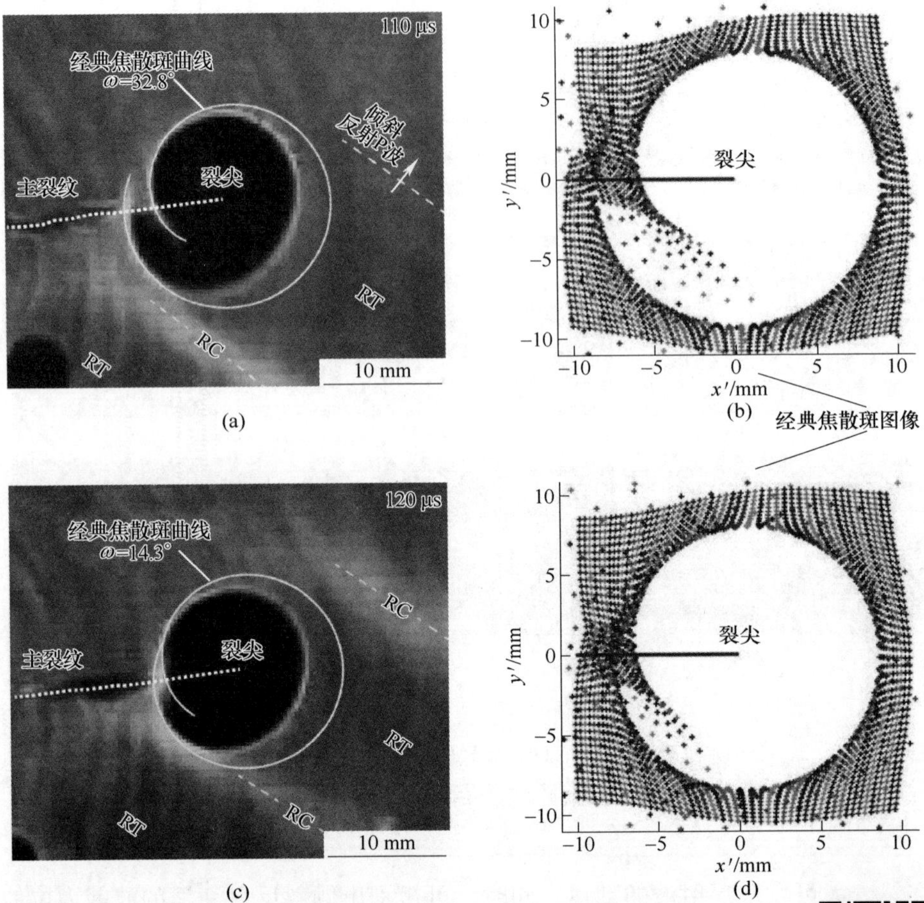

图 5.5　倾斜反射 P 波作用下Ⅰ-Ⅱ复合型焦散斑与经典焦散线理论对比

(a)(b) 110 μs 时实验结果与经典理论图像对比；

(c)(d) 120 μs 时实验结果与经典理论图像对比

（RT 和 RC 分别代表反射 P 波的拉伸项和压缩项）

彩图

5.3　改进的Ⅰ-Ⅱ复合型畸变焦散斑测量准则

5.3.1　几何光学模型

焦散线方法是一种基于几何光学原理的测量手段，将裂纹尖端的应力分布转化为光学图像的明暗分布。在倾斜反射 P 波作用下，除了裂尖应力会将光线偏转，P 波也能干扰光线的传播方向，造成光线偏转。基于几何光学的矢量叠加原理，可将两类光线偏转叠加，形成更贴近实验结果的畸变焦散斑。

倾斜反射 P 波作用下Ⅰ-Ⅱ复合型畸变焦散斑可通过几何光学模型解释，如图 5.6 所示。该模型已成功用于斜入射 P 波作用下冲击裂纹尖端畸变复合型焦散斑的理论推导，见 3.4 节。在这里，该模型被引入到倾斜反射 P 波作用下爆生裂纹尖端畸变复合型焦散斑的推导，以及应力强度因子的测量。最后，讨论该模型成功应用的原因。

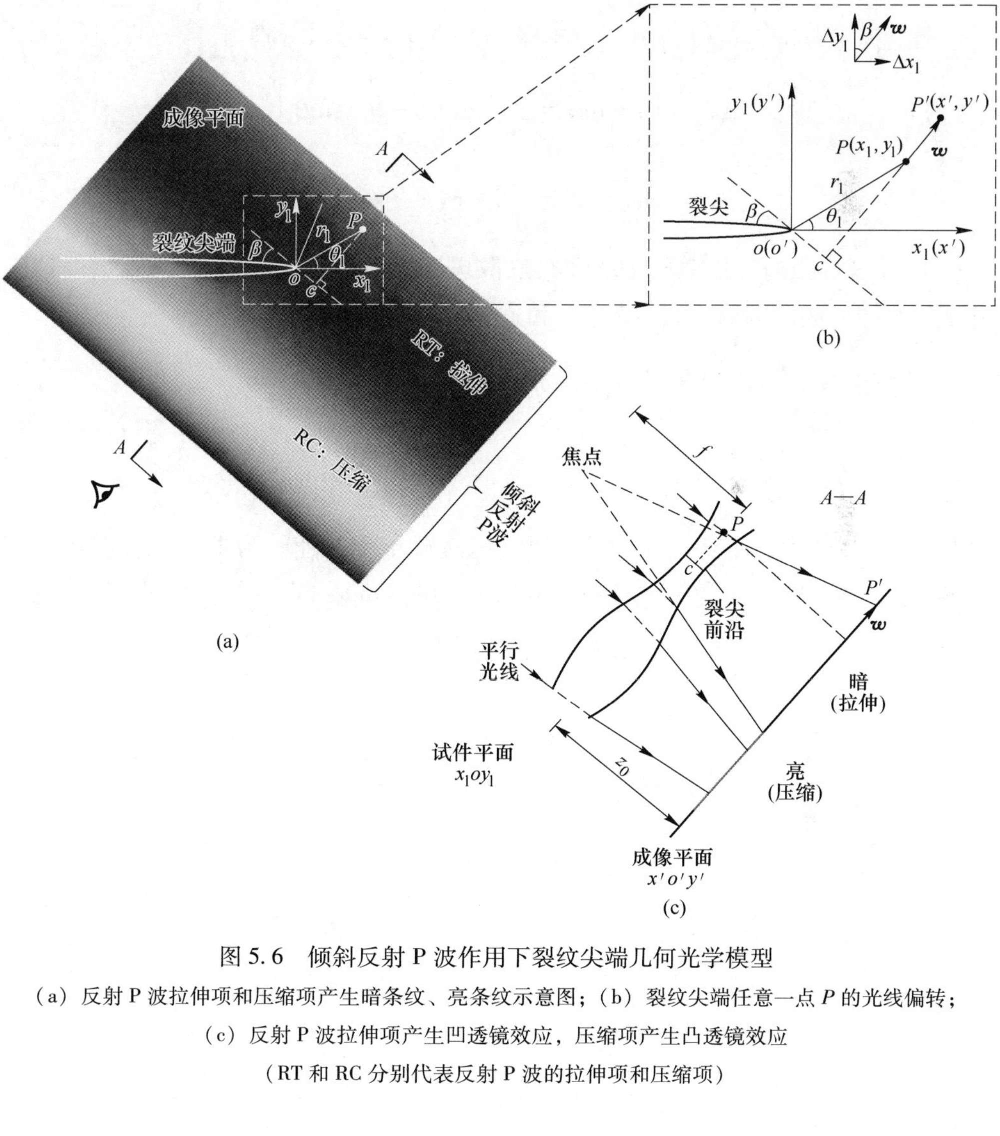

图 5.6 倾斜反射 P 波作用下裂纹尖端几何光学模型

(a) 反射 P 波拉伸项和压缩项产生暗条纹、亮条纹示意图；(b) 裂纹尖端任意一点 P 的光线偏转；

(c) 反射 P 波拉伸项产生凹透镜效应，压缩项产生凸透镜效应

(RT 和 RC 分别代表反射 P 波的拉伸项和压缩项)

首先，先进行倾斜反射 P 波作用下Ⅰ-Ⅱ复合型畸变焦散斑的理论推导。

图 5.6（b）中，由于拉伸项和压缩项产生凹透镜、凸透镜效应，倾斜反射 P 波在裂尖任意一点产生的光线偏转矢量，可表示为：

$$\boldsymbol{w} = \frac{z_0}{f} r_1 \sin(\beta + \theta_1) \tag{5.1}$$

式中，f 为凹透镜/凸透镜的焦距，正值代表凹透镜效应（拉伸项作用），负值代表凹透镜效应（压缩项作用）；β 为 P 波波阵面与裂纹扩展方向的夹角，可通过高速照片测出，为 39.43°。

通过矢量分解，可得 x_1 和 y_1 方向上光学偏转的分量分别为：

$$\left.\begin{aligned} \Delta x_1 &= |\boldsymbol{w}| \sin\beta = \frac{z_0}{f} r_1 \sin(\beta + \theta_1) \sin\beta \\ \Delta y_1 &= |\boldsymbol{w}| \cos\beta = \frac{z_0}{f} r_1 \sin(\beta + \theta_1) \cos\beta \end{aligned}\right\} \tag{5.2}$$

Ⅰ-Ⅱ复合型畸变焦散斑是由经典焦散斑图像和反射 P 波产生的光线偏转矢量相互叠加而成。因此，式（2.1）和式（5.2）叠加可得：

$$\left.\begin{aligned} x' &= r_1\left[\cos\theta_1 + \frac{z_0}{f}\sin(\beta + \theta_1)\sin\beta\right] + C r_1^{-3/2} \cos\left(\frac{3}{2}\theta_1 + \omega\right) \\ y' &= r_1\left[\sin\theta_1 + \frac{z_0}{f}\sin(\beta + \theta_1)\cos\beta\right] + C r_1^{-3/2} \sin\left(\frac{3}{2}\theta_1 + \omega\right) \end{aligned}\right\} \tag{5.3}$$

此时式（2.1）中，α_1 约为 1，因为裂纹速速远小于波速。为求得复合型焦散斑图像，式（5.3）对应的雅克比行列式（Jacobian determinant）应等于零。因此，可得：

$$\left|\frac{\partial(x', y')}{\partial(r_1, \theta_1)}\right| = \begin{vmatrix} \dfrac{\partial x'}{\partial r_1} & \dfrac{\partial x'}{\partial \theta_1} \\ \dfrac{\partial y'}{\partial r_1} & \dfrac{\partial y'}{\partial \theta_1} \end{vmatrix} = 0 \tag{5.4}$$

经推导可得出：

$$\frac{9}{4} C^2 r^{-5} - \frac{3}{2} C r^{-5/2} A - B = 0 \tag{5.5}$$

其中

$$A = -\frac{z_0}{f}\cos\left(\frac{5}{2}\theta_1 + \omega + 2\beta\right)$$

$$B = 1 + \frac{z_0}{f} \tag{5.6}$$

通过求解式（5.5），可得焦散斑图像对应的初始曲线半径 r_0。初始曲线的物理含义是：穿过试件平面上初始曲线的光线，在成像平面上形成了复合型焦散斑曲线，而焦散斑曲线包围着暗区域形成了复合型焦散斑。

$$r_0 = \left(\frac{3}{2}C\frac{\sqrt{A^2 + 4B} - A}{2B}\right)^{2/5} \tag{5.7}$$

最终，将初始曲线半径 r_0 代入到式（5.5），即 $r_1=r_0$，可获得Ⅰ-Ⅱ复合型畸变焦散斑理论公式：

$$\left.\begin{aligned} x' &= \left(\frac{3}{2}C\frac{\sqrt{A^2 + 4B} - A}{2B}\right)^{2/5}\left[\cos\theta_1 + \frac{z_0}{f}\sin(\theta + \beta)\sin\beta + \frac{4B}{3\left(\sqrt{A^2 + 4B} - A\right)}\cos\left(\frac{3}{2}\theta_1 + \omega\right)\right] \\ y' &= \left(\frac{3}{2}C\frac{\sqrt{A^2 + 4B} - A}{2B}\right)^{2/5}\left[\sin\theta_1 + \frac{z_0}{f}\sin(\theta + \beta)\cos\beta + \frac{4B}{3\left(\sqrt{A^2 + 4B} - A\right)}\sin\left(\frac{3}{2}\theta_1 + \omega\right)\right] \end{aligned}\right\} \tag{5.8}$$

发现式（5.8）与斜入射 P 波作用于冲击裂纹时裂尖畸变复合型焦散斑理论解[106]一样，说明该几何光学模型不仅适用于倾斜入射 P 波，也适用于倾斜反射 P 波，具有普适性。为了将式（5.8）与经典的复合型焦散斑区分开，将式（5.8）称为改进的复合型焦散斑理论解。然而，式（5.8）不能直接使用，因为两个参数 z_0/f 和 ω 是未知的，需从实验中复合型焦散斑图像获得。

5.3.2 验证改进的复合型焦散斑理论解

采用第 3 章提出的迭代算法[106]，通过实验中复合型焦散斑直径之比 $D_{\mathrm{Lmax}}/D_{\mathrm{Lmin}}$、$D_{\mathrm{T}}/D_{\mathrm{Lmin}}$，可求出参数 z_0/f 和 ω。然后采用式（5.8）绘出改进的复合型焦散斑图像，与实验结果对比，验证其可行性。

图 5.7 展示了 110 μs 时倾斜反射 P 波作用下复合型焦散斑与理论解对比。图 5.7（a）和（b）为参数 z_0/f 和 ω 的第 1 次迭代求解过程，整个迭代求解细节见表 5.1。经过 3 次迭代，参数 z_0/f 和 ω 的取值偏差都小于 5%，取值分别为 $z_0/f=0.284$，$\omega=26.92°$。将两者代入式（5.8）可得出改进的复合型焦散斑图像和对应的曲线，如图 5.7（c）和（d）所示，与实验结果相吻合，验证了改进的复合型焦散斑理论解的适用性。

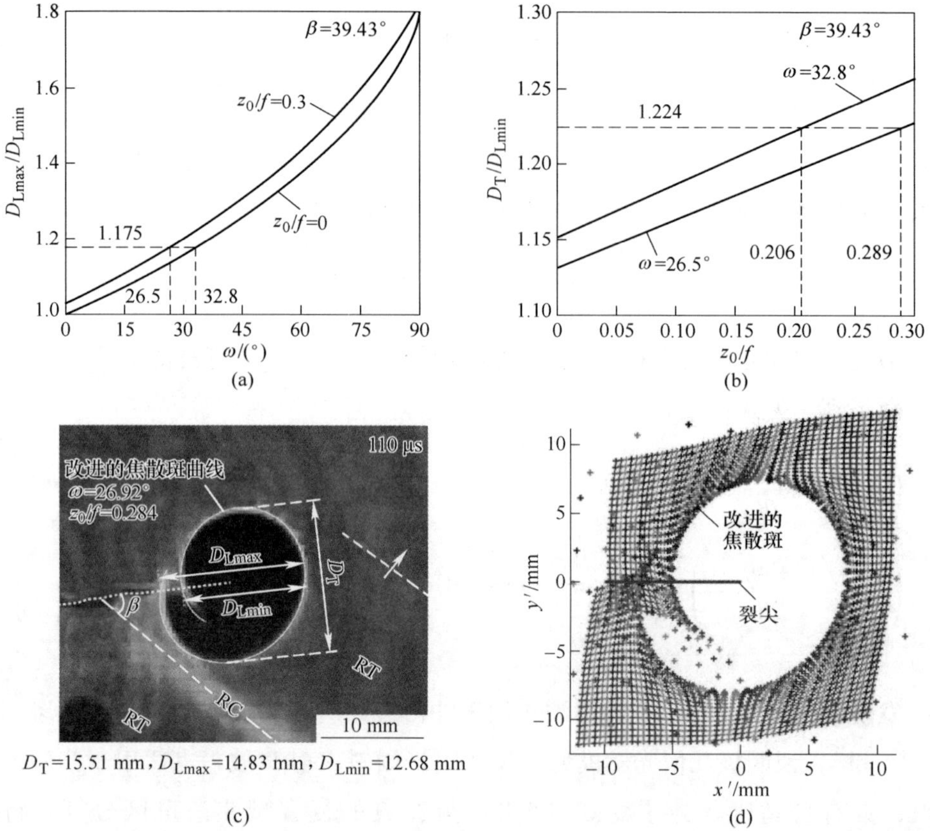

图 5.7 验证改进的复合型焦散斑理论解（以 110 μs 时实验结果为例）

（a）（b）参数 z_0/f 和 ω 的迭代求解过程（以第 1 次迭代为例）；

（c）实验中 110 μs 时倾斜反射 P 波作用下复合型焦散斑；

（d）改进的复合型畸变焦散斑理论图像

彩图

表 5.1 ω 和 z_0/f 迭代结果（110 μs 时倾斜反射 P 波拉伸作用下畸变复合型焦散斑）

迭代次数	ω/(°)		偏差/%	z_0/f		偏差/%
第 1 次	26. 50	32. 80	19. 21	0. 206	0. 289	28. 72
第 2 次	26. 68	28. 21	5. 42	0. 265	0. 286	7. 34
第 3 次	26. 73	27. 10	1. 37	0. 281	0. 286	1. 75
最后一次迭代结果平均值	26. 92			0. 284		

图 5. 8 展示了 120 μs 时倾斜反射 P 波作用下复合型焦散斑与理论解对比。图 5. 8（a）和（b）为参数 z_0/f 和 ω 的第 1 次迭代求解过程，整个迭代求解细节见表 5. 2。经过 3 次迭代，参数 z_0/f 和 ω 的取值偏差都小于 5%，取值分别为

$z_0/f=0.250$，$\omega=9.22°$。将两者代入式（5.8）可得出改进的复合型焦散斑图像和对应的曲线，如图 5.8（c）和（d）所示，与实验结果相吻合，进一步验证了改进的复合型焦散斑理论解的适用性。

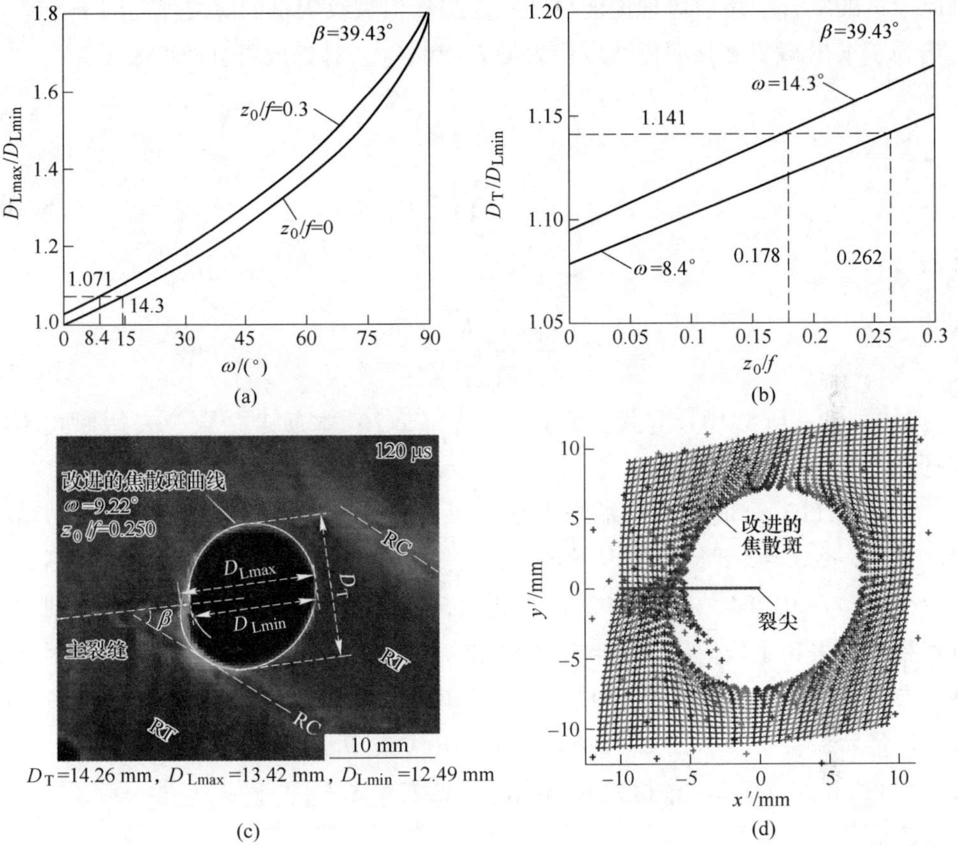

图 5.8　验证改进的复合型焦散斑理论解（以 120 μs 时实验结果为例）

（a）（b）参数 z_0/f 和 ω 的迭代求解过程（以第 1 次迭代为例）；

（c）实验中 120 μs 时倾斜反射 P 波作用下复合型焦散斑；

（d）改进的复合型畸变焦散斑理论图像

彩图

表 5.2　ω 和 z_0/f 迭代结果（120 μs 时倾斜反射 P 波拉伸作用下畸变复合型焦散斑）

迭代次数	ω/(°)		偏差/%	z_0/f		偏差/%
第 1 次	8.40	14.30	41.26	0.178	0.262	32.06
第 2 次	8.91	10.38	14.16	0.233	0.254	8.27
第 3 次	9.04	9.39	3.73	0.247	0.252	1.98
最后一次迭代结果平均值	9.22			0.250		

5.3.3　倾斜反射 P 波作用下Ⅰ-Ⅱ复合型裂纹尖端应力强度因子测量

从图 5.7 和图 5.8 中可知，改进的复合型焦散斑理论解与实验结果相吻合，因此改进的复合型焦散斑理论能更准确地测量出裂纹尖端的应力强度因子。

为了求出畸变复合型焦散斑代表的 K_{I} 和 K_{II}，对焦散斑直径可表示为：

$$D_{\mathrm{T}} = \delta_{\mathrm{T}} \left(\frac{3}{2} C \right)^{2/5} \tag{5.9}$$

$$D_{\mathrm{Lmax}} = \delta_{\mathrm{Lmax}} \left(\frac{3}{2} C \right)^{2/5} \tag{5.10}$$

其中

$$C = \frac{z_0 c_t d \sqrt{K_{\mathrm{I}}^2 + K_{\mathrm{II}}^2}}{F(v)\sqrt{2\pi}}$$

式（5.9）和式（5.10）与式（5.1）和式（5.2）本质上一致，表达形式不同而已。

为测量 110 μs 时裂纹尖端应力强度因子，需得到焦散斑直径对应的数值因子。首先，令 $C=2/3$ 使数值因子 δ_{T}、δ_{Lmax} 等于相应的直径 D_{T}、D_{Lmax}。然后，将 $C=2/3$、$z_0/f=0.284$、$\omega=26.92°$ 代入式（5.8），绘出复合型焦散斑，得到焦散斑直径，便得到了数值因子 $\delta_{\mathrm{T}}=3.4733$ 和 $\delta_{\mathrm{Lmax}}=3.3357$。结果发现，数值因子取决于参数 z_0/f 和 ω。实验中 110 μs 复合型畸变焦散斑的数值因子，如图 5.9（a）所示。最后，将 ω、z_0/f、δ_{T}（或 δ_{Lmax}）、D_{T}（或 D_{Lmax}，值见图 5.7（c））代入式（5.1）和式（5.2）中得到 K_{I} 和 K_{II}，见表 5.3。

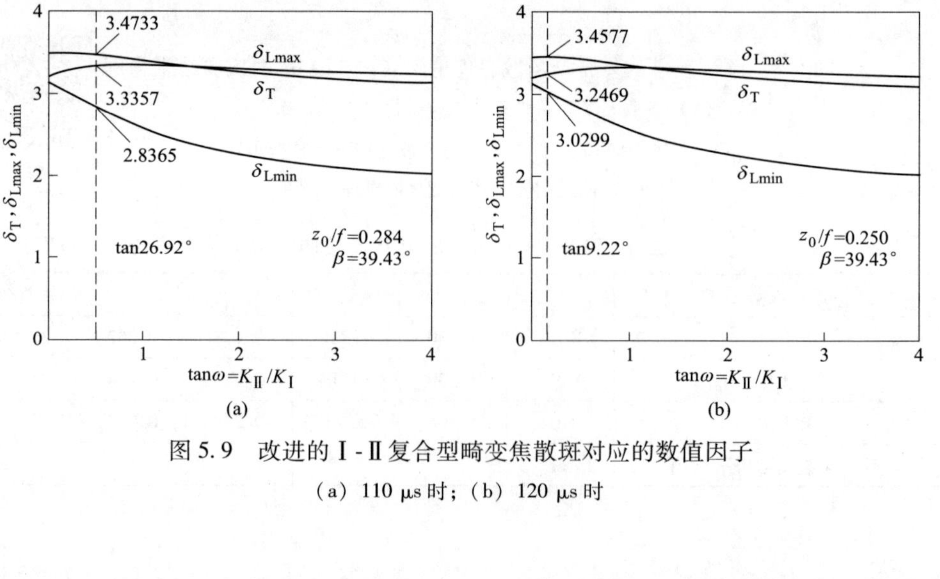

图 5.9　改进的Ⅰ-Ⅱ复合型畸变焦散斑对应的数值因子

（a）110 μs 时；（b）120 μs 时

类似地，120 μs 时裂纹尖端的应力强度因子测量，需要的数值因子如图 5.9（b）所示，$\delta_T = 3.4577$ 和 $\delta_{Lmax} = 3.2469$。最后，将 ω、z_0/f、δ_T（或 δ_{Lmax}）、D_T（或 D_{Lmax}，值见图 5.8（c））代入式（5.1）和式（5.2）中得到 K_I 和 K_{II}，见表 5.3。

表 5.3 改进的复合型畸变焦散理论测量裂纹尖端应力强度因子值

时刻	ω/(°)	δ_T	δ_{Lmax}	δ_{Lmin}	$K_I/\text{MPa}\cdot\text{m}^{-\frac{1}{2}}$	$K_{II}/\text{MPa}\cdot\text{m}^{-\frac{1}{2}}$
110 μs	26.92°（图 5.7）	3.4733	3.3357	2.8365	1.58	0.80
120 μs	9.22°（图 5.8）	3.4577	3.2469	3.0299	1.44	0.23

5.4 改进的复合型焦散斑应力强度因子测量与经典焦散斑应力强度因子测量区别

5.4.1 经典焦散斑理论适用于低应变率加载情况

经典的复合型焦散斑理论测量应力强度因子适用于低应变率加载，例如落锤冲击三点弯曲梁断裂实验，如图 5.10（a）所示。以往焦散线实验结果分析时，大多是低应变率加载情况，因此采用经典的焦散斑理论测量裂尖应力强度因子是合理的。但是，这样简单的实验数据处理，往往使人忽略背后的假设前提，即裂纹尖端满足 K 场主导的应力分布。

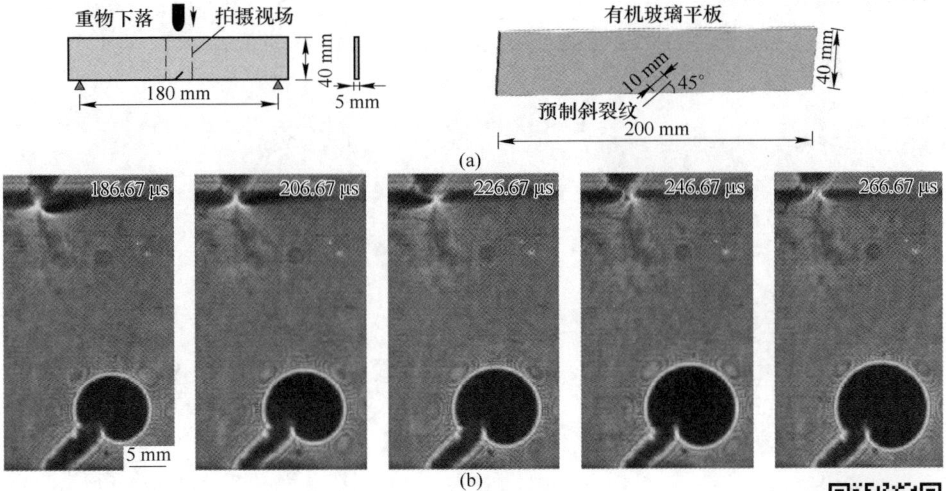

彩图

图 5.10 低应变率加载下复合型裂纹

（以三点弯曲效果梁断裂实验为例）

（a）含预制斜裂纹的三点弯曲梁试件；

（b）重物下落冲击作用下裂尖复合型焦散斑

图 5.10（b）展示了重物下落冲击作用下裂尖的复合型焦散图，为后续应力强度因子测量提供了良好的图片质量。对比发现，尽管复合型焦散斑尺寸会随着载荷的增加而变化，但在不同时刻仍具有相似的形状，这表明裂纹尖端应力场是相似的。

为了验证低应变率下经典焦散斑理论测量应力强度因子的适用性，将实验结果与经典的焦散斑理论解图像进行对比。由于图 5.10（b）中的焦散图案形状相似，因此选择 186.67 μs 和 266.67 μs 时的复合型焦散斑与经典的焦散斑理论图像对比，如图 5.11 所示，两者相吻合。因此，通过经典焦散斑理论解，可以正确地测量出冲击作用下复合型裂纹尖端应力强度因子。采用式（5.1）和式（5.2）及焦散斑直径，得到的复合型裂尖应力强度因子具体值，见表 5.4。

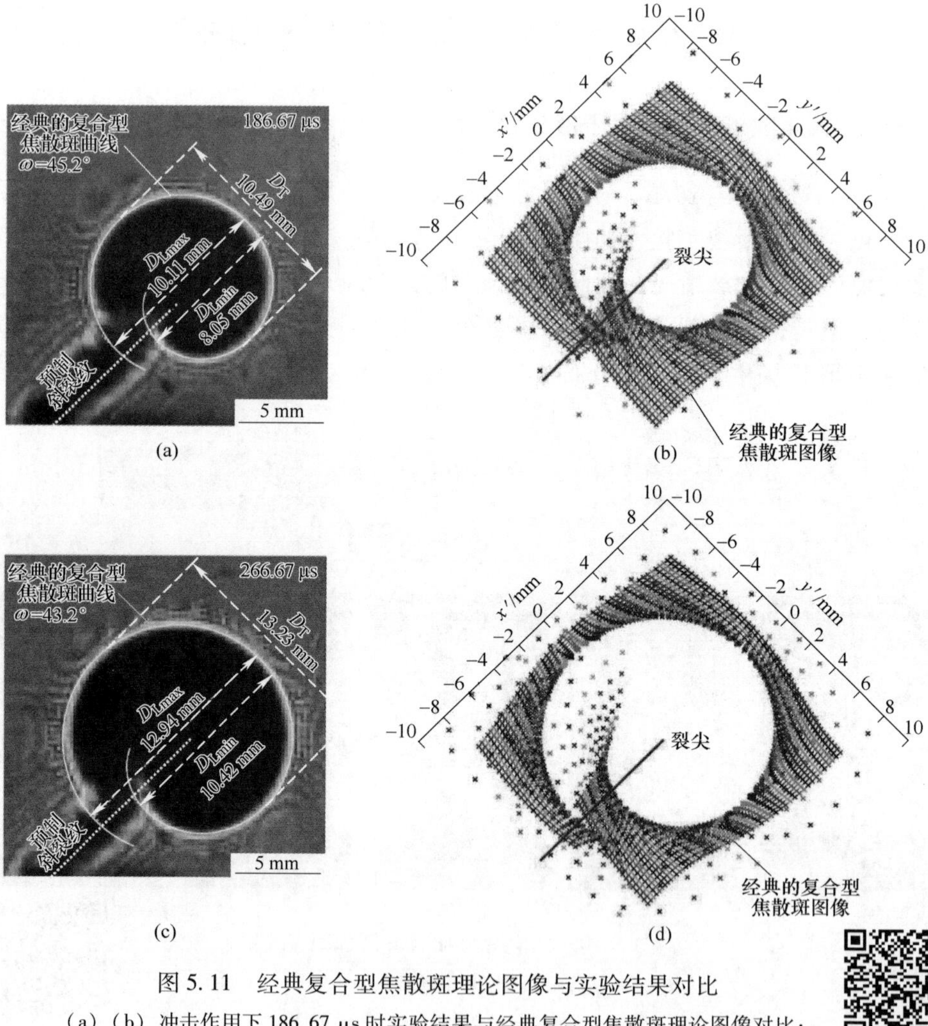

图 5.11　经典复合型焦散斑理论图像与实验结果对比

（a）（b）冲击作用下 186.67 μs 时实验结果与经典复合型焦散斑理论图像对比；
（c）（d）冲击作用下 266.67 μs 时实验结果与经典复合型焦散斑理论图像对比

彩图

表 5.4 经典焦散斑理论测量冲击作用下复合型裂纹尖端应力强度因子

时　刻	$\omega/(°)$	D_T/mm	δ_T	δ_{Lmax}	δ_{Lmin}	$K_I/MPa \cdot m^{-\frac{1}{2}}$	$K_{II}/MPa \cdot m^{-\frac{1}{2}}$
186.67 μs	45.2	10.49	3.0137	3.1632	2.5177	0.67	0.68
266.67 μs	43.2	13.23	3.0271	3.1629	2.5456	1.23	1.15

5.4.2 改进的焦散斑理论适用于高应变率加载情况

经典的焦散斑理论不适用于高应变率加载情况，例如本章开展的倾斜反射 P 波作用于爆生裂纹，这一点可通过实验结果与经典焦散斑理论图像对比直观发现（见图 5.5）。因此，本章提出并验证了一种基于几何光学模型的复合型畸变焦散斑理论解，与实验结果相吻合，成功应用于倾斜反射 P 波作用下的裂尖应力强度因子测量。但仅仅图像上的吻合只是表面现象，还需要挖掘背后的力学机理。

裂纹尖端的焦散斑图像，本质上是由裂尖的应力分布决定的，而应力分布是由外部加载决定的。低应变率加载下（以重物下落冲击作用为例，见图 5.10），裂尖起裂前至少有 266.67 μs 做调整，使得裂尖应力分布趋于 K 场主导，即由应力强度因子主导。而经典的焦散斑理论正是基于两个假设：平面应力和裂尖应力 K 场主导，因此经典的焦散斑理论图像与低应变率加载下的焦散斑相吻合。

然而，高应变率加载下（以本章倾斜反射 P 波作用为例，见图 5.4），裂尖受反射 P 波作用时间仅为 20 μs，不足以使裂尖应力调整为 K 场主导，裂尖应力为反射 P 波和原先 K 场分布的叠加。因此，经典的焦散斑理论图像与高应变率加载下的焦散斑不相符。

从上面对比分析可知，经典的焦散斑理论解能否适用，取决于裂尖应力是否为 K 场主导。而裂尖应力是否为 K 场主导，取决于加载时间。当加载时间长（低应变率加载情况），裂尖应力有充足的时间调整为 K 场主导；但加载时间过短（高应变率加载情况），裂尖应力没有充足时间调整，仅为外部加载和原先裂尖应力的叠加。因此，加载时间和裂尖应力分布是决定采用经典的，还是改进的焦散斑理论解的关键因素。

关于加载时间的分析，从爆炸实验中也能进一步得到印证。随着作用时间增加，爆炸应力波衰减，爆生裂纹尖端受到的外部荷载减少。而且，相比反射 P 波作用阶段，此时裂尖有更长的时间来调整裂尖应力分布，使得裂尖应力趋于 K 场分布。通过对比此时的焦散斑，发现与经典的焦散斑理论解相吻合，如图 5.12 所示。

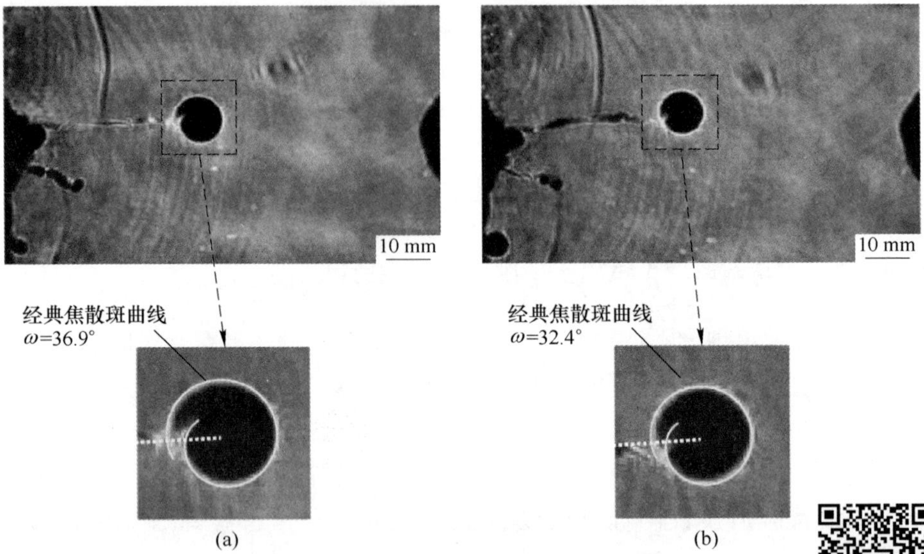

图 5.12　反射 P 波衰减后裂尖应力分布

（a）160 μs 时；（b）170 μs 时

彩图

因此，在测量爆炸裂纹尖端应力强度因子时，注意焦散斑的形状，应分为两部分：（1）爆炸应力波作用于裂纹阶段，焦散斑发生畸变，采用改进的焦散斑理论解来分析；（2）爆炸应力波衰减后，焦散斑恢复为经典形状，采用经典的焦散斑理论解来分析。

5.5　本 章 小 结

本章采用爆炸焦散线方法，对比了爆生气体和倾斜反射 P 波对爆生裂纹的作用，重点分析了反射 P 波作用下裂尖Ⅰ-Ⅱ复合型畸变焦散斑图像，提出并验证了相应的理论模型。最后，对比了低、高应变率条件下（即落锤加载和爆炸加载）复合型裂纹尖端应力强度因子测量，分析了不同加载率条件下Ⅰ-Ⅱ复合型裂纹应力强度因子测量不同的力学机理。

（1）爆生气体作用下裂尖为Ⅰ型断裂，倾斜反射 P 波作用下裂尖出现了Ⅰ-Ⅱ复合型畸变焦散斑，与经典的焦散斑理论解不相符。基于几何光学模型，本章提出并验证了改进的复合型焦散斑理论解。

（2）对比了低、高加载率（落锤冲击和爆生反射 P 波作用）条件下，Ⅰ-Ⅱ复合型焦散斑测量应力强度因子的差异，分析了背后的力学机理：低应变率加载下，加载时间较长，裂纹尖端应力为 K 场主导，适用于经典的焦散斑理论；而高应变率加载下，加载时间较短，裂纹尖端不足以调整为 K 场主导，仅为 P 波和裂尖应力的叠加，适用于改进的焦散斑理论。

（3）加载时间和裂尖应力分布是选择经典或改进的焦散斑理论解的关键因素。整个爆破过程中，两种焦散斑理论解均使用。爆炸应力波加载时，焦散斑发生畸变，采用改进的焦散斑理论解来分析；爆炸应力波衰减后，焦散斑恢复为经典形状，采用经典的焦散斑理论解来分析。

参 考 文 献

[1] PERSSON P A, HOLMBERG R, LEE J. Rock blasting and explosives engineering [M]. CRC Press: Boca Raton, 1993.

[2] ZHANG Z X. Rock fracture and blasting: Theory and app lications [M]. Butterworth-Heinemann: Amsterdam, 2016.

[3] 张胜利，张昌锁，王银涛，等．定向断裂爆破在综放工作面初采切巷的应用［J]．北京理工大学学报，2017，37（2）：135-140.

[4] 张百胜，王朋飞，崔守清，等．大采高小煤柱沿空掘巷切顶卸压围岩控制技术［J]．煤炭学报，2021，46（7）：2254-2267.

[5] 何满潮，陈上元，郭志飚，等．切顶卸压沿空留巷围岩结构控制及其工程应用［J]．中国矿业大学学报，2017，46（5）：959-969.

[6] 赵善坤．深孔顶板预裂爆破与定向水压致裂防冲适用性对比分析［J]．采矿与安全工程学报，2021，38（4）：706-719.

[7] 戴俊．爆破工程［M]．2 版．北京：机械工业出版社，2015.

[8] 谢和平．深部岩体力学与开采理论研究进展［J]．煤炭学报，2019，44（5）：1283-1305.

[9] 鞠杨，谢和平，郑泽民，等．基于 3D 打印技术的岩体复杂结构与应力场的可视化方法［J]．科学通报，2014，59（32）：3109-3119.

[10] JU Y, WANG L, XIE H, et al. Visualization of the three-dimensional structure and stress field of aggregated concrete materials through 3D printing and frozen-stress techniques [J]. Construction and Building Materials, 2017, 143: 121-137.

[11] JU Y, WANG L, XIE H, et al. Visualization and transparentization of the structure and stress field of aggregated geomaterials through 3D printing and photoelastic techniques [J]. Rock Mech Rock Eng, 2017, 50 (6): 1383-1407.

[12] JU Y, XI C, ZHANG Y, et al. Laboratory in situ CT observation of the evolution of 3D fracture networks in coal subjected to confining pressures and axial compressive loads: A novel approach [J]. Rock Mech Rock Eng, 2018, 51 (11): 3361-3375.

[13] DALLY J, FOURNEY W, HOLLOWAY D. In Influence of containment of the bore hole pressures on explosive induced fracture [J]. Int. J. Rock Mech. Min. Sci., Elsevier, 1975: 5-12.

[14] DALLY J W. Dynamic photoelastic studies of fracture [J]. Exp Mech 1979, 19 (10): 349-361.

[15] DALLY J W. An introduction to dynamic photoelasticity [J]. Exp Mech 1980, 20 (12): 409-416.

[16] FOURNEY W L, DALLY J W, HOLLOWAY D C. Controlled blasting with ligamented charge holders [J]. Int. J. Rock Mech. Min. Sci., 1978, 15 (3): 121-129.

[17] FOURNEY W L. Mechanisms of rock fragmentation by blasting [J]. Comprehensive Rock Engineering, 1993, 4: 39-69.

[18] ROSSMANITH H P, SHUKLA A. Dynamic photoelastic investigation of interaction of stress waves with running cracks [J]. Exp Mech, 1981, 21 (11): 415-422.

[19] ROSSMANITH H P. Rock fracture mechanics [M]. Springer-Verlag: Austria, 1983.

[20] RILEY W F, DALLY J W. A photoelastic analysis of stress wave propagation in a layered model [J]. Geophysics, 1966, 31 (5): 881-899.

[21] RILEY W, DALLY J W. Recording dynamic fringe patterns with a Cranz-Schardin camera [J]. Exp Mech, 1969, 9 (8): 27N-33N.

[22] QIU P, YUE Z, ZHANG S, et al. An in situ simultaneous measurement system combining photoelasticity and caustics methods for blast-induced dynamic fracture [J]. Rev. Sci. Instrum, 2017, 88 (11): 115113.

[23] SANFORD R J. Application of the least-squares method to photoelastic analysis [J]. Exp Mech, 1980, 20 (6): 192-197.

[24] MANOGG P. Anwendung der Schattenpotik zur 2 Untersuchung des Zerreibvorgangs von Platten [J]. Dissertation, University of Freiburg, Freiburg, West Germany, 1964, 20 (6): 192-197.

[25] SCHARDIN H. Velocity effects in fracture [J]. Fracture, 1959: 297-330.

[26] THEOCARIS P S. Elastic stress intensity factors evaluated by caustics [J]. In Experimental Evaluation of Stress Concentration and Intensity Factors, Sih, G. C., Ed. Springer: Netherlands, 1981: 189-252.

[27] BEINERT J, KALTHOFF J F. Experimental determination of dynamic stress intensity factors by shadow patterns [J]. In Experimental Evaluation of Stress Concentration and Intensity Factors, Sih, G. C., Ed. Springer: Netherlands, 1981: 281-330.

[28] KALTHOFF J F. The shadow optical method of caustics [J]. In Static and Dynamic Photoelasticity and Caustics, Lagarde, A., Ed. Springer: Vienna, 1987: 407-522.

[29] ROSAKIS A J. Analysis of the optical method of caustics for dynamic crack propagation [J]. Eng. Fract. Mech. 1980, 13 (2): 331-347.

[30] ROSAKIS A J, ZEHNDER A T. On the method of caustics: An exact analysis based on geometrical optics [J]. J. Elast., 1985, 15 (4): 347-367.

[31] YAO X F, XU W. Recent application of caustics on experimental dynamic fracture studies [J]. Fatigue Fract Eng Mater Struct, 2011, 34 (6): 448-459.

[32] GONG K, LI Z. Caustics method in dynamic fracture problem of orthotropic materials [J]. Opt Lasers Eng, 2008, 46 (8): 614-619.

[33] GONG K Z, QIN W Z, LI Z, et al. Dynamic fracture of mode I crack in orthotropic composites studied by caustics method [J]. Key Engineering Materials, 2006: 1003-1006.

[34] YAO X, MENG L, YEH H. Influence of material orientation on crack tip stress singularity in orthotropic composites [J]. Modell. Simul. Mater. Sci. Eng., 2005, 13 (7): 1047.

[35] YAO X, YEH H Y, ZHAO H. Dynamic response and fracture characterization of polymer-clay nanocomposites with mode-I crack [J]. J. Compos. Mater., 2005, 39 (16): 1487-1496.

[36] PATTERSON E A, WHELAN M P. Tracking nanoparticles in an optical microscope using caustics [J]. Nanotechnology, 2008, 19 (10): 105502.

[37] YAO X, XU W, YEH H. Investigation of crack tip evolution in functionally graded materials using optical caustics [J]. Polym Test, 2007, 26 (1): 122-131.

[38] YAO X, XU W, BAI S, et al. Caustics analysis of the crack initiation and propagation of graded materials [J]. Compos. Sci. Technol, 2008, 68 (3): 953-962.

[39] PAPADOPOULOS G. Crack-tip caustics at a bi-material interface [J]. International Journal of Fracture, 1999, 98 (3/4): 329-342.

[40] PAPADOPOULOS G, PAPANICOLAOU G. Dynamic crack propagation in rubber-modified composite models [J]. Journal of Materials Science, 1988, 23 (10): 3421-3434.

[41] PAPADOPOULOS G. Crack propagation in PCBA-PMMA sandwich plates [J]. Journal of Materials Science, 1991, 26 (3): 569-578.

[42] TANG C. Experimental investigation of the fiber bundle shielding effect on the dynamic matrix crack using optical caustic method [J]. Polym Test, 2014, 40: 46-53.

[43] YAO X, XU W, XU M, et al. Caustic study on stress singularities in laminated composites under concentrated loads [J]. Int J Solids Struct, 2004, 41 (13): 3383-3393.

[44] YANG R S, YUE Z W, SUN Z H, et al. Dynamic fracture behavior of rock under impact load using the caustics method [J]. Mining Science and Technology (China), 2009, 19 (1): 79-83.

[45] YAO X F, XU W, XU M Q, et al. Experimental study of dynamic fracture behavior of PMMA with overlapping offset-parallel cracks [J]. Polym Test, 2003, 22 (6): 663-670.

[46] YAO X F, JIN G C, ARAKAWA, K, et al. Experimental studies on dynamic fracture behavior of thin plates with parallel single edge cracks [J]. Polym Test, 2002, 21 (8): 933-940.

[47] YAO X, XU W, ARAKAWA K, et al. Dynamic optical visualization on the interaction between propagating crack and stationary crack [J]. Opt Lasers Eng, 2005, 43 (2): 195-207.

[48] LAMBERSON L, ELIASSON V, ROSAKIS A. In situ optical investigations of hypervelocity impact induced dynamic fracture [J]. Exp Mech, 2012, 52 (2): 161-170.

[49] LAMBERSON L, ELIASSON V, WEERASOORIYA T. Quantitative visualization of dynamic material behavior [J]. Exp Mech, 2016, 56 (1): 1-2.

[50] THEOCARIS P S, KATSAMANIS P. Response of cracks to impact by caustics [J]. Eng. Fract. Mech., 1978, 10 (2): 197-210.

[51] THEOCARIS P, PAPADOPOULOS G. The dynamic behaviour of an oblique edge-crack under impact loading [J]. J Mech Phys Solids, 1984, 32 (4): 281-300.

[52] GONZALES O D, ELIASSON V. Influence of water uptake on dynamic fracture behavior of poly (methyl methacrylate) [J]. Exp Mech, 2016, 56 (1): 59-68.

[53] GONZALES O D, ELIASSON V. Effect of water content on dynamic fracture initiation of vinyl ester [J]. Exp Mech, 2016, 56 (4): 637-644.

[54] GONZALES O D, LUONG K, HOMMA H, et al. Experimental investigation of dynamic fracture initiation in PMMA submerged in water [J]. Journal of Dynamic Behavior of Materials, 2016, 2 (3): 391-398.

[55] GONZALES O D, NICASSIO A, ELIASSON V. Evaluation of the effect of water content on the stress optical coefficient in PMMA [J]. Polym Test, 2016, 50: 119-124.

[56] 杨仁树，桂来保．焦散线方法及其应用 [M]. 北京：中国矿业大学出版社，1997.

[57] 杨仁树，岳中文，肖同社，等．节理介质断裂控制爆破裂纹扩展的动焦散试验研究 [J]. 岩石力学与工程学报，2008，27 (2)：244-250.

[58] 李清．爆炸致裂的岩石动态力学行为与断裂控制试验研究 [D]. 北京：中国矿业大学（北京），2009.

[59] 岳中文，杨仁树，郭东明，等．爆炸应力波作用下缺陷介质裂纹扩展的动态分析 [J]. 岩土力学，2009，30 (4)：949-954.

[60] YUE Z W, QIU P, YANG R S, et al. Stress field analysis of the interaction of a running crack and blasting waves by caustics method [J]. Eng. Fract. Mech., 2017, 184: 339-351.

[61] QIU P, YUE Z W, YANG R S. Mode I stress intensity factors measurements in PMMA by caustics method: A comparison between low and high loading rate conditions [J]. Polym Test, 2019, 76: 273-285.

[62] QIU P, YUE Z W, YANG R S, et al. Effects of vertical and horizontal reflected blast stress waves on running cracks by caustics method [J]. Eng. Fract. Mech., 2019, 212: 164-179.

[63] YANG R, DING C, YANG L, et al. Model experiment on dynamic behavior of jointed rock mass under blasting at high-stress conditions [J]. Tunnelling Underground Space Technol, 2018, 74, 145-152.

[64] ZHANG Q B, ZHAO J. Effect of loading rate on fracture toughness and failure micromechanisms in marble [J]. Eng. Fract. Mech., 2013, 102: 288-309.

[65] FREUND L B. Crack propagation in an elastic solid subjected to general loading—Ⅳ. Obliquely incident stress pulse [J]. J Mech Phys Solids, 1974, 22 (3): 137-146.

[66] ACHENBACH J, KUO M, DEMPSEY J. Mode Ⅲ and mixed mode Ⅰ-Ⅱ crack kinking under stress-wave loading [J]. Int J Solids Struct, 1984, 20 (4): 395-410.

[67] MA C C. Dynamic mixed mode Ⅰ-Ⅱ crack kinking under oblique stress wave loading in brittle solids [J]. J. Appl. Mech. 1990, 57 (1): 117-127.

[68] LI J C, MA G W. Analysis of blast wave interaction with a rock joint [J]. Rock Mech Rock Eng, 2010, 43 (6): 777-787.

[69] LI J C, MA G W, ZHAO J. An equivalent viscoelastic model for rock mass with parallel joints [J]. J Geophys Res Solid Earth, 2010, 115: B03305.

[70] 杨永琦，朱振海，方文儒．光面爆破机理的试验研究 [J]. 煤炭学报，1986 (3): 69-76.

[71] 朱振海．应力波对裂纹扩展影响的动光弹研究 [J]. 工程兵工程学院学报，1988 (4): 76-82.

[72] 岳中文，邱鹏，王煦，等．切槽孔掏槽爆破机理动态焦散线实验研究 [J]. 煤炭学报，2016, 41 (4): 858-863.

[73] KUTTER H K, FAIRHURST C. On the fracture process in blasting [J]. Int. J. Rock Mech. Min. Sci., 1971, 8 (3): 181-202.

[74] DAEHNKE A, ROSSMANITH H P, Schatz J F. On dynamic gas pressure induced fracturing [J]. Fragblast, 1997, 1 (1): 73-97.

[75] ZHANG Z X, HOU D F, GUO Z, et al. Laboratory experiment of stemming impact on rock fragmentation by a high explosive [J]. Tunnelling Underground Space Technol, 2020, 97: 103257.

[76] SETTLES G S. Schlieren and shadowgraph techniques: Visualizing phenomena in transparent media [J]. Springer Science & Business Media, 2012.

[77] SETTLES G S, HARGATHER M J. A review of recent developments in schlieren and shadowgraph techniques [J]. Meas Sci Technol, 2017, 28 (4): 042001.

[78] GRIFFITH A A. The phenomena of rupture and flow in solids [J]. Phil. Trans. R. Soc. Lond. A, 1921, 221 (582/593): 163-198.

[79] IRWIN G R. Analysis of stresses and strains near the end of a crack traversing a plate [J]. Spie Milestone Series MS, 1957, 137 (167/168/169/170): 16.

[80] MA C C, FREUND L. The extent of the stress intensity factor field during crack growth under dynamic loading conditions [J]. J. Appl. Mech., 1986, 53 (2): 303-310.

[81] RAVI-CHANDAR K, KNAUSS W. On the characterization of the transient stress field near the tip of a crack [J]. J. Appl. Mech., 1987, 54 (1): 72-78.

[82] KRISHNASWAMY S, ROSAKIS A J. On the extent of dominance of asymptotic elastodynamic crack-tip fields: Part Ⅰ—An experimental study using bifocal caustics [J]. J. Appl. Mech., 1991, 58 (1): 87-94.

[83] WESTERGAARD H M. Bearing pressures and cracks [J]. J. Appl. Mech. 1939, 6: A49-A53.

[84] SNEDDON I. In The distribution of stress in the neighbourhood of a crack in an elastic solid [J]. Proceedings of the Royal Society of London A: Mathematical, Physical and Engineering Sciences, The Royal Society, 1946: 229-260.

[85] WILLIAMS M. On the stress distribution at the base of a stationary crack [J]. J. Appl. Mech., 1957, 24: 109-114.

[86] FREUND L B. Dynamic Fracture Mechanics [M]. Cambridge University Press: Cambridge, 1990.

[87] FREUND L B, ROSAKIS A J. The structure of the near-tip field during transient elastodynamic crack growth [J]. J Mech Phys Solids, 1992, 40 (3): 699-719.

[88] LIU C, ROSAKIS A. Investigation of transient effects for dynamically initiating and growing cracks under stress wave loading conditions [J]. Static and Dynamic Fracture Mechanics, 1994.

[89] ROSAKIS A, LIU C, FREUND L. A note on the asymptotic stress field of a non-uniformly propagating dynamic crack [J]. Int J Fract, 1991, 50 (3): R39-R45.

[90] LIU C, ROSAKIS A J, FREUND L. The interpretation of optical caustics in the presence of dynamic non-uniform crack-tip motion histories: A study based on a higher order transient crack-tip expansion [J]. Int J Solids Struct, 1993, 30 (7): 875-897.

[91] THEOCARIS P S, PAPADOPOULOS G A. Elastodynamic forms of caustics for running cracks under constant velocity [J]. Eng. Fract. Mech., 1980, 13 (4): 683-698.

[92] 邱鹏. 爆炸应力波与裂纹相互作用机理研究 [D]. 北京：中国矿业大学（北京），2019.

[93] THEOCARIS P S. Local yielding around a crack tip in plexiglas [J]. Journal of Applied Mechanis, 1970: 409-415.

[94] PAPADOPOULOS G A. Fracture mechanics-the experimental method of caustics and the det.-criterion of fracture [M]. Spring-Verlag: London, 1993.

[95] RAVI-CHANDAR K, KNAUSS W. An experimental investigation into dynamic fracture: Ⅲ. On steady-state crack propagation and crack branching [J]. Int J Fract, 1984, 26 (2): 141-154.

[96] RAVI-CHANDAR K, KNAUSS W. An experimental investigation into dynamic fracture: Ⅰ. Crack initiation and arrest [J]. Int J Fract, 1984, 25 (4): 247-262.

[97] RAVI-CHANDAR K, KNAUSS W. An experimental investigation into dynamic fracture: Ⅳ. On the interaction of stress waves with propagating cracks [J]. Int J Fract, 1984, 26 (3): 189-200.

[98] TAKAHASHI K, ARAKAWA K. Dependence of crack acceleration on the dynamic stress-intensity factor in polymers [J]. Exp Mech, 1987, 27 (2): 195-199.

[99] GAO G, LI Z, XU J. Optical method of caustics applied in viscoelastic fracture analysis [J]. Opt Lasers Eng, 2011, 49 (5): 632-639.

[100] QIU P, YUE Z W, JU Y, et al. Characterizing dynamic crack-tip stress distribution and evolution under blast gases and reflected stress waves by caustics method [J]. Theor. Appl. Fract. Mech., 2020, 108.

[101] RAVI-CHANDAR K. Dynamic Fracture [M]. Elsevier: Oxford, 2004.

[102] THEOCARIS P S, GDOUTOS E E. An optical method for determining opening-mode and edge sliding-mode stress-intensity factors [J]. J. Appl. Mech., 1972, 39 (1): 91-97.

[103] CHI L Y, ZHANG Z X, AALBERG A, et al. Measurement of shock pressure and shock-wave attenuation near a blast hole in rock [J]. Int. J. Impact Eng., 2019, 125: 27-38.

[104] LIU C, LU Y, XIA B, et al. Directional fracturing by slotting-blasting-caused stress wave form changes [J]. Int. J. Impact Eng., 2019, 129: 141-151.

[105] LIU R F, ZHU Z M, LI Y X, et al. Study of rock dynamic fracture toughness and crack propagation parameters of four brittle materials under blasting [J]. Eng. Fract. Mech., 2019: 106460.

[106] QIU P, YUE Z, YANG R, et al. Modified mixed-mode caustics interpretation to study a running crack subjected to obliquely incident blast stress waves [J]. Int. J. Impact Eng., 2021, 150: 103821.

[107] LI M, ZHU Z, LIU R, et al. Study of the effect of empty holes on propagating cracks under blasting loads [J]. Int. J. Rock Mech. Min. Sci., 2018, 103: 186-194.

[108] MA G W, AN X M. Numerical simulation of blasting-induced rock fractures [J]. Int. J. Rock Mech. Min. Sci., 2008, 45 (6): 966-975.

[109] ZHAO J. An overview of some recent progress in rock dynamics research [M]. In Advances in rock dynamics and applications, Zhou Y X, Zhao J. Eds. CRC Press: USA, 2011: 5-33.

[110] HOPKINSON B. A method of measuring the pressure produced in the detonation of high explosives or by the impact of bullets [J]. Philos Trans R Soc London, 1914, 213: 437-456.

[111] HINO K. Fragmentation of rock through blasting and shock wave theory of blasting [M]. In The 1st US Symposium on Rock Mechanics (USRMS), American Rock Mechanics Association: USA, 1956.

[112] SAHARAN M, MITRI H, JETHWA J. Rock fracturing by explosive energy: Review of state-of-the-art [J]. Fragblast, 2006, 10 (1/2): 61-81.

[113] FIELD J E, LADEGAARD-PEDERSEN A. The importance of the reflected stress wave in rock blasting [J]. Int. J. Rock Mech. Min. Sci., 1971, 8 (3): 213-226.

[114] DALLY J W, BARKER D B. Dynamic measurements of initiation toughness at high loading rates [J]. Exp Mech, 1988, 28 (3): 298-303.

[115] ROSSMANITH H P, SHUKLA A. Photoelastic investigation of stress wave diffraction about stationary crack-tips [J]. J Mech Phys Solids, 1981, 29 (5/6): 397-412.

[116] XIA K, ROSAKIS A J, KANAMORI H. Laboratory earthquakes: The sub-Rayleigh-to-supershear rupture transition [J]. Science, 2004, 303 (5665): 1859-1861.

[117] GABUCHIAN V, ROSAKIS A J, BHAT H S, et al. Experimental evidence that thrust

earthquake ruptures might open faults [J]. Nature, 2017, 545 (7654): 336-339.

[118] YUE Z W, QIU P, YANG R S, et al. Experimental study on a Mach cone and trailing Rayleigh waves in a stress wave chasing running crack problem [J]. Theor. Appl. Fract. Mech., 2019, 104: 102371.

[119] 李庆扬，王能超，易大义. 数值分析 [M]. 5 版. 北京：清华大学出版社，2008.

[120] NILSON R H, PROFFER W J, DUFF R E. Modelling of gas-driven fractures induced by propellant combustion within a borehole [J]. Int. J. Rock Mech. Min. Sci., 1985, 22 (1): 3-19.

[121] ANDERSON T L. Fracture mechanics: Fundamentals and applications [M]. CRC Press: USA, 2005.

[122] 杨卫. 宏微观断裂力学 [M]. 北京：国防工业出版社，1995.

[123] FINEBERG J, BOUCHBINDER E. Recent developments in dynamic fracture: Some perspectives [J]. Int J Fract, 2015, 196 (1/2): 33-57.

[124] RAVI-CHANDAR K, KNAUSS W. An experimental investigation into dynamic fracture: Ⅱ. Microstructural aspects [J]. Int J Fract, 1984, 26 (1): 65-80.

[125] RAVI-CHANDAR K, YANG, B. On the role of microcracks in the dynamic fracture of brittle materials [J]. J Mech Phys Solids, 1997, 45 (4): 535-563.